U0252879

专题文明史译丛

Themes in World History

丛书主编：苏智良　陈 恒

世界历史上的农业

〔美〕马克·B. 陶格（Mark B. Tauger） 著

刘健 李军 译

商务印书馆

SINCE 1897 The Commercial Press

Agriculture in World History

Mark B. Tauger

上海市内涵建设文科师范一流学科项目

上海高校一流学科（B类）建设计划上海师范大学世界史规划项目

教育部人文社科重点研究基地都市文化研究中心规划项目

译丛序言

人类文明史既有宏大叙事，也充满了生动细节；既见证着民族国家的兴盛与衰败，也反映了英雄个人的梦想和血泪。事实上，真正决定文明发展的基本要素，是那些恒常存在的日常生活方式、社会习俗和文化心理等，它波澜不惊却暗流涌动，彼此关联而又催生变化，并裹挟一切外部因素，使之转变成自身发展和变化的动力。因此，那些关乎全球文明发展和彼此共生性因素，无一不成为研究的对象，无一不成为大众阅读的焦点。生态、交往、和平、安全、人口、疾病、食品、能源、犯罪等问题，凡此种种，既是不同信仰、不同制度和不同文化的文明发展需要直面的，又是它们之间彼此交流、进行合作乃至相互促进的基础。在这种文明史的叙述中，阶段性的政治内容相对淡化，长时段文明形态发展的基础——文化和社会生活得以凸显。文明史的目的是介绍、传播人类文明、文化知识与价值观念，更重要的是读者可以通过文明史的阅读明了人类尊严获得的历史，从而塑造自己的生活理念。

在全球化的当下，中国在世界上的地位不断提高，与世界各国往来日益密切，这一方面需要我们阅读文明史以更真实、更全面、更深入地了解域外历史文化、价值观念；另一方面，文明史也可以培育人们更加开阔的思维、更加完善的人格。多读文明史，不仅能让人们认识到文明的多样性、复杂性，使人们能以兼容并包的思维看待世界和人生，而且可以从历史发展的多变中汲取有益的智慧，训练理性思考的能力。

在文化多元交融的全球化时代，了解、掌握人类文明知识和理念是当代国人应该补上的一课。因此,学术研究不能仅仅局限于象牙塔,虽然这很重要,但更重要的是要让这些知识形态转变为普通民众也能接受的大众文化。况且,普及大众文化,才能不断出现更多的人才参与研究工作,文化也才能不断推陈出新,才能不断出现更丰富的精英文化。这是一个相互依存,循环发展的过程,缺一不可。

主编过“中国历史小丛书”、“外国历史小丛书”的历史学家吴晗先生曾说,“小册子并不比大部头好写”,可见从写作角度来看,浅显易懂的著述并不比那些高头讲章好写。大众阅读是要用较少的时间又能快速获得相关知识,因此叙述不但简明,更要生动,要有历史细节,有重大事件和重要人物的故事点,可见这样的书并不好处理。

第一,大众作品的通俗读物虽然结构简单,但要真正做到“大事不能漏,小事不能错”,达到“悦”读的境界,并不容易。没有受过专业训练,没有宏观视野,没有承上启下的问题意识是难以做到合理选择题材,善于取舍材料,有的放矢的。

第二,真正受大众欢迎的作品必定是能反映当下社会现实的作品,能在读者心目中引起共鸣。纵观古今中外,凡是历史上畅销的、能流传下来的作品,哪部不是切合时代的需求的?从希罗多德的《历史》、司马迁的《史记》,到汤因比的《历史研究》、柯林伍德的《历史的观念》,哪部不是适应时代潮流产生的?再看看目前市面上流行的易中天、钱文忠、于丹的作品,虽然批评的声音不绝于耳,至少让很多民众在一定程度上认知了历史与文化。

第三,历史学家笔下的作品是要从史料中发现故事,而非小说家、历史小说家笔下的故事。这就需要作者有很好的职业训练,不但对史料了如指掌,而且要善于从新的角度去编排、去解释、去阐发。当然历史学家在写作过程中也要发挥想象,但这种想象是以材料为基础,而非小说家的以生活为基础的想象。美国学者海登·怀特认为历史编纂是诗化性质的,历史学与自然科学是根本不同的,因此就其基本特征而言，史学不是科学而是艺术创作，所以叙事对史学来说是必不可少的。问题在于我们在公众“悦”读方面如何叙事。

第四，相对来说，“悦”读作品讲究的是艺术性、启蒙性、可读性，而非学术著作侧重的学术性、知识性、思想性。历史学家讲究的是“句句有出处，字字有来历”，因此学术性与可读性之间的矛盾是永远存在的，避免不了的，讲究可读性难免让学术含量下降，侧重学术性难免会失去趣味性。但这种矛盾并不是不可调和的，只要用心，不断探索，是能做到深入浅出的。大家写小书的时代真的逝去了吗？前辈著名学者如王力、朱光潜、竺可桢等，都撰写了很多脍炙人口的小书，这是那个时代的要求与需要。

第五，“悦”读作品选题不能墨守成规，要能反映学术界的研究方向、趋势与趣味。20世纪史学最突出的成就是新史学的发达。在新文化史家看来，“文化”并不是一种被动的因素，文化既不是社会或经济的产物，也不是脱离社会诸因素独立发展的，文化与社会、经济、政治等因素之间的关系是互动的；个人是历史的主体，而非客体，他们至少在日常生活或长时段里影响历史的发展；研究历史的角度发生了变化，新文化史家不追求“大历史”（自上而下看历史）的抱负，而是注重“小历史”（自下而上看历史）的意义，即历史研究从社会角度的文化史学转向文化角度的社会史学。牛津大学出版社与劳特利奇出版社在这方面做得比较好，出版过不少好书。如前者出版的“牛津通识”系列，就是比较典型的大家小书，无论是选题还是作者的遴选都堪称一流；后者的选题意识尤为突出，出版了诸如《世界历史上的食物》、《世界历史上的疾病》、《世界历史上的移民》、《世界历史上的消费》、《世界历史上的全球化》等让人叫好的作品，诚如该丛书主编所说：“本丛书专注于在世界历史背景下考察一系列人类历程和制度，其目的就是严肃认真（即便很简单）地讨论一些重要议题，以作为教科书和文献集的补充。相比教科书，这类书籍可使学生更深入地探索到人类历史的某一特殊层面,并在此过程中使他们对历史学家的分析方式及其对一些问题的讨论有更全面的认识。每一议题都是按时间顺序被论述的,这就使关于变化和延续性的讨论成为可能。每个议题也都是在一系列不同的社会和地区范围内被评估的,这也使相关的异同比较成为可能”。可见文明史因其能唤起大众的“悦”读兴趣而在世界各地有着广泛的市场。

不过当下公众“悦”读中存在冷热不均的现象。中国历史热,世界历史冷。从火爆的“百家讲坛”,到各类“戏说”历史的电视剧,无论是贺岁大片,还是各种图书排行,雄踞榜首的基本是中国历史题材作品。有关域外历史题材的很少,一方面说明我们对域外理解得不够多,另一方面说明我们潜意识里存在中国中心主义,什么都以中国为中心。

高手在民间,公众“悦”读作品也不例外。当下流行的畅销作品的作者基本属于所谓民间写手、草根写手,这些作者难免从“戏说”的角度出发,传播一些非历史的知识文化,值得我们警惕。学者应积极担当,做大家小书的事,这是必需,更是责任。

投资大师罗杰斯给女儿的十二条箴言,其中第六条就是“学习历史”。可见阅读历史获得的不仅仅是知识文化、经验教训,更重要的是让民众明白:人类历史实际上是一部人类尊严获得史。一书一世界,书中自有每位读者的世界。

本丛书为上海市地方本科院校“十二五”内涵建设文科师范一流学科项目,是上海高校一流学科(B类)建设计划上海师范大学世界史规划项目的成果,教育部人文社科重点研究基地都市文化研究中心规划项目,并得到教育部新世纪优秀人才支持计划资助。

编者

2013年1月

致 谢

感谢所有在此书研究和写作过程中提供帮助的人,特别是:

感谢俄勒冈州高级馆员加里•霍尔沃森(Gary Halvorson),他提供给我国家档案馆封面图片的全部电子版本。

感谢我的妻子阿托内•埃娃•塞格特—陶格(Attorney Eva Segert-Tauger)博士与我讨论问题,帮助我整理资料,并不断鼓励我。

感谢詹姆斯•斯科特(James Scott)邀请我在耶鲁大学他的讨论会上作报告,他的课程讲义对我的工作有很大启发。

感谢皮特•斯特恩斯(Peter Stearns)、艾米莉•金德利斯德斯(Emily Kindleysides)、维多利亚•皮特斯(Victoria Peters)以及一位不知名的读者,他们在工作过程中对我的帮助很大,并且十分耐心。

感谢我在西弗吉尼亚大学历史系的同事们,他们思路开阔,在本书的研究、出版和新课程教学中对我启发很大,大学图书馆的同事在购买图书资料工作中效率极高,西弗吉尼亚大学戴维斯农业学院的威廉•布赖恩(William Bryan)教授提出真知灼见,并且给予我参与西弗吉尼亚大学有机农业项目研究的机会。

感谢农业历史学会、汤姆•布拉斯(Tom Brass)以及《农民研究杂志》认可我的工作,感谢他们所提出的农业历史跨学科研究方法。

此书献给

我的父亲赫伯特·陶格（Herbert Tauger）

目 录

引　言

世界历史上农业和农民的地位

本书是以“世界历史”为主题的简明系列丛书中的一本，这就是说它 1
主要——尽管并不一定——在美国和其他国家大学、学院本科生教学中使用。这套丛书的数量在不断增加，所涉及的内容无疑是世界历史中最为重要的主题，其中农业的重要性不言而喻。

与其他课题均为文明的核心要素或文明的重要产物不同，农业是文明形成的要素。一个狩猎者和流动者组成的社会不可能形成大型的定居聚落，也不可能有专门人士从事与食品生产无关的专业活动。早期社会必然已经存在特权和社会等级，但是它们并没有形成政府、阶级、强大的军队、大规模的贸易活动和市场、成熟的文字和教育系统以及其他成熟文明的构成要素。一个拥有这些要素的文明首先应该拥有确实可靠的剩余粮食生产链条。这些剩余粮食能够养活一个脱离粮食生产的特权集团，让他们能够从事专业化的创造文明的活动。20 世纪 50 年代人类学家罗伯特·雷德菲尔德（Robert Redfield）研究先进文化的文明，并将他命名的“大传统”与农民的民间习俗或“小传统”进行对比，但是大传统仍然需要依赖小传统才能够延续。

因此，农业先于文明产生，或者说农业是文明产生的前提。农民通过种植和饲养活动支撑文明，这些工作让农民与自然环境纠缠在一起。农民也因此成为文明与环境之间的中介。问题是这本书的主旨是文明并非单纯依赖农民，反而在多数时间里控制和剥削着农民。农民与城市文明，农民与环境的关系极其复杂，但是一般而言在这两种关系中，农民都处于从属地位：我称其为双重剥削。

2 本书将考察农民、环境与依赖农民的文明之间的关系。将描述和分析在主要的世界文明中，这种关系的变化过程。特别将关注人数较少，却是非常重要的改革者的活动，他们中有政治家，有科学家，也有农民全体，他们致力于削弱农民的从属地位，提高生活水平。这批人一开始就取得一些有限的成功，但是近来他们日益占据上风，因而绝大多数现代农民的地位迅速提高。

虽然这样的进步仍然十分有限，甚至还有倒退，因为改革消灭了多数旧的压迫，尽管并不完全，但是新的更大的问题随之出现。全球气候变暖、石油产量下降、环境污染、债务以及农民数量下降等诸如此类的问题，对于农民以及那些依赖农民的人来说十分关键。本书将根据长时段的历史事件探索这些问题。这个长时段的视角给予我们谨慎的乐观前景，因为人类曾经经历过十分严峻的甚至灾难性的农业危机，至少我们有战胜当前问题的潜力。

本书依照年代顺序写作，这是因为农业生产是长期冲突和发展的历史。本书的研究同样适用于通史课程的教学。不过农业史的本质及其研究资料都十分有限。尽管南亚地区在现代历史中十分重要，然而有关莫卧儿王朝之前南亚地区农业发展的资料十分稀少，在第四章之前我们还无从讨论。有些发展进程在某个时期极为重要，但是其源头较早，因此如果在某章讨论其源头，而在另外一章探讨其后续发展，那么我们的论述将十分零散。因此第七章关于中国的集体化进程的讨论始于 19 世纪晚期，并且回顾了 20 世纪早期的状况，尽管这些内容原本应该是第五或第六章的内容。但是多数内容仍然依照年代顺序排列，以保证内容结构完整统一。

本书运用丰富的一手和二手资料。在延伸阅读中，我列出了主要的参考资料，这些资料多数为著作，也有大量论文。这些阅读资料和参考书目将帮助有兴趣的读者获得更加完备的资料。农业史研究是不断发展的学科，新成果、新发现不断涌现。新研究无疑会提供新资料、新观点，会向本书提出挑战。本书希望给学生一个简要介绍，给学者一个概括叙述，给所有爱好者继续探索和深入研究的动力。

第一章

农业的起源与双重剥削

今天，我们观察农业的起源只能根据考古发现以及对20世纪仍然保 3
持流动生活的社会和人口集团进行的研究。西方学界认为农业起源于欧洲人邂逅大多时间处于流动状态的"原始"人群之时，他们对农业所知甚少甚至一无所知。还有一些研究认为人类及人类社会及科学技术经历了漫长的发展演进过程，这些阶段被称为旧石器时代和新石器时代，世界范围内各种农业作物栽培和各类动物驯养开始的地点和时间各不相同。

20世纪30年代，相关研究形成这样一个观点，即早期人类农业产生于约10000年前的"新石器革命"时期，起因在于最后一个冰期末期，气候日益干燥。向农业生产的飞跃促使5000年后城市和文明产生。根据这个观点，农业最早在两河流域的"沃月地带"兴起，这里的动植物物种十分丰富，囊括多数人工栽培的粮食作物和驯养动物的野生祖先。

近来的考古学研究成果证实了这个第一次"农业革命"的观点。众多学者认为向农业生产的发展过于迅速，因此必然存在一个"前农业"阶段，应该在新石器时代之前已经存在数千年。大约11000年前在近东地区，一段适合动植物生产的温暖时期之后出现一个寒冷干燥的时期，即新仙女木期（Younger Dryas）。最新研究以及重新审视相关证据之后，学者们认为，在部分已经确认的农业起源中心，其农业观念和技术必然源自一个或多个年代更早的中心，只是数量不是很多。对于农业兴起前后人类社会遗存以及现代仍然维持前农业社会生活的人群进行的研究提出更加复杂、更不确定的农业起源的一些观点，关于人类营养、社会和政治生活所产生影响的结论也是五花八门。

地球气候的变化，尤其是冰期变迁的历史是这些变化发生的动因。最后一次冰川扩张在大约20000年前达到顶峰，之后停止。公元前14000
4 年，地球进入一个温暖的冰期间隔期，但是大约在公元前11000年，在新仙女木期，出现过一次短暂的寒冷回潮期，并持续了几百年。公元前10000年，气候再次回暖，全新世开始。

全新世时期，冰川停止扩张，大约在公元前5000年，冰川覆盖的面积仍然略小于今天。赤道附近和温带地区的气候变得温暖潮湿；公元前6000年时，撒哈拉沙漠仍然有植物生长。世界范围内的大部分地方十分适合农业生产。

流动人群、前农业时代和最早的农民

从灵长目动物进化而来的人类四处流动以获取他们的食物。他们组成人数较少的集团，在某些地方短暂停留，之后又开始迁徙。在旧石器时代的大多时间里，人类活动的遗存主要是较大型动物的骨骼。大约从50000年前开始，大型动物数量减少，鸟、鱼和其他小动物的数量增加。近东地区遗址的发现证明，最晚在23 000年以前，人类开始采集众多种类的植物，包括后来人工栽培成功的野生谷物。这个进步——“广谱革命”——发生的原因是流动人口生活区域内人口数量增加，也因为“更新世结束”导致冰期后大型哺乳动物消失，许多学者遂将其归咎于早期人类的过度捕猎。

广谱革命时期最后1 000年的遗存证明，人类已经参与到前农业时代的生产中，他们浇灌植物、清除不需要的杂草、采集储存食物、烧荒保墒、播种采集来的种子。尼罗河上游卡丹（Qadan）遗址群的发现说明，约公元前13000年这里有人类居住，他们使用打磨的石器和石刀收割、碾磨野生作物。公元前11000年后，这些工具消失，人类重新回归原始的流动生活，由于新仙女木时期气候日益干燥寒冷，该遗址被废弃。在该遗址还发现了被箭簇和其他武器杀害的人类的遗骨，由此说明遗址废弃可能是因内部战争或外敌入侵所致。

中美洲、亚洲和近东地区已经发现众多准农业生产活动的证据，也发现越来越多的动物物种遗存，它们在新石器时代之前数千年就已经出现。广谱革命与前农业时代的实践活动交织在一起。其中最为关键的进步就是人工栽培和驯养。

人类栽培作物和驯养动物的历史在时间和地点上均有所不同。尽管考古证据有众多不确定之处，但是农业在近东地区起源的时间应该早于其他地区，发展也比较充分。在其他地区，大致在相同的年代也有人工栽培的证据，但是在其他地区（包括中国和南美洲），农业发展、城市产生和 5
进入历史时期的时间要晚得多。

关于农民的考古发现与以前不同。驯养的动物遗存表明这些动物的骨骼比它们的野生祖先略小，另外还有众多幼仔和病死的牲畜的骨骼，原因是人类驯养动物也导致疾病在动物间传播。人工栽培的作物，包括小麦、大麦、黍、水稻等与野生物种的差异很小。粮食作物与其他草种一样都是穗类作物，种子体积较小，重壳，极小的叶轴与植物的根部相连。野生作物根部一般比较脆弱，这样成熟的种子比较容易脱落，种子的外壳较长，种子能够在下一个季节顺利发芽。人工栽培的作物种子经过农民选检，因而种子较大，外壳轻薄，根部较牢固，种植比较安全可靠。

考古记录表明，人类在地中海东部内陆地区各个遗址定居，包括今土耳其南部、黎凡特地区（今以色列、黎巴嫩和叙利亚）以及两河流域上游低矮的山脉地区，公元前 9000—前 8500 年，人工栽培或驯养的物种有小麦、黑麦、绵羊、山羊和猪，牛的驯养范围比较有限。这些地区农业生产的“原材料”异常丰富。拥有众多野生动物物种，比如绵羊和山羊，它们是群体“放养”的动物，适宜驯养。由于环境变化，众多野生粮食作物、蔬菜以及其他植物种类发生基因突变，也包括人类创造的物种。新仙女木期之后，这个地区气候变化不大，栽培和驯养的动植物的各种变化在可控范围内。

由于人类日益依赖农业生产，他们开始生活在 10—16 公顷的较大聚落中，这个面积几乎相当于一个小市镇。建筑规模越来越大，遗存中有各类宗教标志，体态丰满的女性塑像被多数学者认为是女神像。有些房屋和建筑物应该为纪念性建筑或神殿，因为屋内有壁画，并且与其他建筑分离。聚落中有一些特殊的房屋甚至建筑物内充满人类祭祀活动的遗存或标志，比如涂膏的头骨，眼眶内镶嵌的贝壳。有一种观点认为宗教产生较早，它改变了人类对自然的认识，农业因此产生。公元前 7000 年之后，众多聚落衰亡废弃，但是在周围区域，众多新的农业村落兴起，人类从旧的栽培驯养中心迁移到新地点。

大约在公元前 8000 年，农业在地中海周围传播。在巴尔干半岛、希
6 腊半岛、意大利半岛，农业村落从公元前 7500 年开始出现。公元前 7000 年后，北欧地区产生农业村落，牛和猪出现，这两种牲畜比地中海地区的绵羊和山羊更加适合北方地区的环境。公元前 6000 年，这些农民已经在欧洲森林地区开发出数千个农庄，但是他们到达北海和英格兰地区的时间较晚。

尽管在后世历史中，埃及社会农业的规模巨大，并发挥着十分重要的作用，但是在埃及并没有发现西南亚地区的野生小麦和其他作物。冰期时代的早期埃及人狩猎、捕鱼，四处流动。考古证据显示，公元前 5500 年，当尼罗河流域出现最早的农业遗迹时，新仙女木时期的前农业生活痕迹已经消失，取而代之的是与西南亚地区复杂的动植物种类相仿的农业聚落。以尼罗河三角洲附近的农业区域法尤姆为例，其遗存具有埃及风格，不过显然是承袭自西南亚地区的农业特点，这是公元前 4000 年前后埃及国家出现巨大进步的基础。

由聚落发展而来的两河流域的城邦位于底格里斯河和幼发拉底河流域的东南端。这些地区野生物种十分丰富，狩猎和捕鱼一直是主要的食物来源。这里的农民与埃及人一样已经适应西南亚地区复杂的环境，可是他们还必须学习如何适应河流定期发生的泛滥。在掌握规律、组织人民应对的过程中，城邦在近东地区兴起，并最终形成帝国。

这些核心区域的农业发展模式经周边地区传播，后来在中国和美洲重现。新兴区域一般都拥有自己的栽培驯养物种。然而在多数情况下，一旦核心区域的农业模式引进，它就必然占据主导地位。

中国

中国受冰川的影响较小，因而它拥有深厚、肥沃、古老的土壤以及植物物种，比如银杏，它被称为“活化石”，其生存年代可以追溯至大规模冰川运动之前。特别在中国的中原地区，这里的人类最早进入农业生活，这里的黄土或风成土——风沙沉积而成——十分肥沃，适于耕作。中国的地形比较平坦，众多大河蜿蜒密布，拥有丰富的水资源和运输通道。

长江附近中原地区的遗址证明最晚在公元前12000年，人类已经采集野生水稻和黍稷。公元前7千纪，中国中原和长江以南地区的早期村落中已经出现人工栽培的水稻和黍稷。这两种作物同时出现在这两个地区，证据显示黍稷是北方的主要作物，但水稻逐渐占据主要地位，特别是在长江以南。

野生黍稷原产自中国北部，公元前5000年，相当一部分中国农民在 7
辽阔区域内种植黍稷，农民将收获物煮沸，制成全麦，碾磨成面粉。农民生活在占地5公顷或者面积更大的村落中，房屋为半地穴式，有储藏坑，每个基址储藏的粮食数量可达100吨。早期中国文献显示在公元前1千纪，黍稷的地位在水稻之上。古老的《诗经》中十分强调黍稷的作用，对于水稻则记述较少。周王朝统治者的祖先在中华帝国产生前很长一段时间就已经存在，被称为“后稷”。

与此同时，长江以南的众多聚落种植水稻。中国中部沿海的河姆渡遗址中发现了工具和手工制品，稻壳及其他证据说明这里至少储存着120多吨稻米。在这个时期，中国农民同时种植水稻和旱稻，这两种稻米的产量较低，但是费力较小。水稻种植和移植（下文将深入探讨这个问题）的历史仅可以追溯至公元100年左右。

中国人也种植大麦和小麦。这些作物引进时间很晚，被视为特殊的，甚至是珍贵的食物。中国农民有一种蔬菜种植的历史晚于近东农民，然而其前景十分广阔，这就是大豆。周朝的记录显示公元前1000年时人们开始种植大豆。公元前8世纪，被征服者向周统治者贡献大豆。公元前4世纪，中国两种主要作物是黍稷和大豆。农民认为种植大豆可以提高土壤墒情，但是这一点值得商榷，因为中国大豆的根茎上有结节，后世研究显示其中包含固氮菌。

中国并没有近东和欧洲拥有的野生动物。他们最早驯养的动物是猪。年代最早的遗址中发现了猪和狗的遗存。狗的驯养历史更加悠久，并且出现在亚洲众多地方，这两种动物也是食物。部分遗址发现了黄牛、水牛和山羊遗存，但是猪的分布更加广泛，数量更多。中国人似乎还独立驯养了鸡，年代最早的遗存在公元前 5400 年的遗址中发现。

东南亚

这个地区由两部分组成：东南亚本土，包括今缅甸、泰国、老挝、柬埔寨、越南和马来西亚部分地区，另外一个部分是从台湾延伸至菲律宾、印度
8 尼西亚以及太平洋南部和中部系列岛屿的东南亚岛群。这些地区进入农业时代的时间较晚，有些地区直到现代才出现。

东南亚本土与中国相似，河流众多、土壤肥沃，为季风降雨类型。尽管如此，考古证据显示，该地区的粮食生产直到公元前 3500 年才出现。部分学者认为，农业生产在该地区推进缓慢的原因是流动人口抵制农业活动。农业活动在该地区开展的时候，首先采用的方法来自中国，最早传至北方。台湾种植水稻和黍稷的年代可以追溯至公元前 3500 年，但是众多遗址的时间相对较晚。水稻种植技术从台湾传播至菲律宾和印度尼西亚。

农业在东南亚岛屿间的传播速度更加缓慢。这些社会并不迫切地需要农业；这些地区动植物物种多样，食物资源丰富。考古遗址中遍布坚果、水果、根茎、种子以及野生鸟类和动物遗存。但是，就是在这样一个地区，新几内亚高地有可能是一个独立发展的种植区域，因为公元前 5000 年开始，这里的居民开始在花园中人工种植芋头、山药以及其他作物。

南 亚

南亚地区——今阿富汗、巴基斯坦、印度和孟加拉——的史前农业

将本土元素，比如驼峰类牲畜，与近东、非洲和东亚的农业体系特征结合在一起。南亚次大陆最早的农业证据来自印度河西岸的梅赫尔格尔（Mehrgarh），时间可追溯至公元前 7000 年。该地区遗存显示这里存在一个与近东十分类似的体制，种植小麦和大麦，饲养绵羊、山羊和牛。梅赫尔格尔遗存中还包括一些长方形的房屋和女性塑像，与近东的新石器时代遗址相仿。

这个农业体系是公元前 3 千纪形成的哈拉帕或印度河文明的基石。考古证据显示，在该文明发展的后期，公元前 2600—前 1900 年，出现了来自亚洲的水稻和黍稷以及来自非洲的高粱和珍珠粟。印度河流域居民显然经贸易渠道获得这些作物，非洲的作物从苏美尔人那里获得，水稻经东南亚和印度中部到达。这个时期，印度河文明已经涌现出大型复杂城市，还出现了部分仍未破译的符号和语言。次大陆的其他地区仍然保持早期农业生产状态，可追溯至哈拉帕文化晚期的大部分时间。它们的农业体系中同样囊括了亚洲稻米、近东大麦和牲畜以及南亚本地的动植物。

撒哈拉沙漠以南的非洲 9

撒哈拉沙漠以南的非洲地区幅员辽阔，但是新石器时代的遗存十分稀少。冰期之后，撒哈拉沙漠面积缩小，气候不再干旱，萨赫勒（Sahel）草原的面积向北扩展几百英里，已经超过现有面积。这个地区存在雨季，因此存在湖泊，生活在这里的人们狩猎野生动物，采集青草，其中包括高粱和黍稷。公元前 4000 年左右，这种状况发生变化，公元前 2000 年，撒哈拉沙漠以南非洲的环境已经与今天相似。

十分明确的驯养家畜的证据仅仅可以追溯至公元前 3000 年。人工种植植物和农业生产的时间更晚，最早在公元前 2000 年，撒哈拉沙漠以南非洲的众多地区时间更晚。该地区的植物品种与近东地区不同：西部为非洲水稻、各种高粱，萨赫勒的珍珠粟，埃塞俄比亚的埃塞俄比亚画眉草（埃塞俄比亚一种小粒谷）和龙爪稷以及油椰枣、豇豆和落花生。公元前 2000 年，非洲人在萨赫勒地区种植了高粱和稷。

当时，萨赫勒地区的经济生产兼顾农牧业。公元前1500年左右开始的班图人迁徙活动将萨赫勒人发明的农业生产技术传播到非洲南部其他地区。这些技术在17世纪到达卡拉哈里沙漠。在这个扩张过程中，非洲人还种植了一种本地稻，其源头就在萨赫勒西部。

美洲

最晚在公元前11500年，人类跨越白令海峡的大陆桥，公元前10000年，基本到达南美洲南端。今天的美洲人在公元前3000年时几乎毫无例外地仍然是狩猎采集者。与近东不同，两个大陆中可放牧的动物或野草数量不多。因此，农业在美洲兴起的时间晚于近东地区，但是发展非常迅速，从野生植物向人工种植的转变十分突然；同时，美洲也缺乏旧大陆的可驯养家畜。这个时期的早期美洲人种植两种主要作物：玉米和马铃薯。玉米源自墨西哥中部，马铃薯源自今秘鲁和厄瓜多尔境内的安第斯山麓一带。

最早种植玉米的证据来自墨西哥中南部的提华坎（Tehuacan）峡谷洞穴，时间可追溯至公元前2700年。野生墨西哥类蜀黍是玉米的基因祖先，早期墨西哥人如何、何时何地将这种野生的、细小的植物转化为粒大穗满的玉米仍然存疑，但是最早出现的时间是公元前2000年。从这个时期开始，玉米在中美洲广泛传播，后传入南北美洲。

10 马铃薯种植时间同样可以追溯至公元前3000—前2000年，但是也已经发现公元前10000年块茎植物遗存证据。马铃薯只是安第斯人人工种植的众多块茎类植物中的一种，种类在不断增加；其他植物还有根类作物酢浆薯、安第斯薯、甘蓝以及苦薯。在这个时期，安第斯人已经驯养美洲驼、羊驼和天竺鼠。美洲地区本地种植的重要作物还有安第斯地区的藜麦，另外在北美洲东部还有一些种子植物。

有关农业起源的说法

前农业时代概念的提出，有限的但是十分重要的相关证据的发现以及不同社会农业形成及变化所经历的漫长历程，都对原有的新石器时代农业革命的理论提出挑战。无论在什么地方，农业化的进程都缓慢而曲折。人类进入农业生活之前已经建立起适应季节和年份变化的模式。他们扩大采集和狩猎的范围，自然就导致众多动物物种消失。即使在已经定居、从事农业和畜牧业生产之后，人类仍然继续狩猎采集活动。

近来考古学者已经指出，人类和部分动植物物种在共同进化的过程中同时发生变化。人类所利用的动物和植物产量提高，并且更加适宜于人工种植和饲养。这种融合同时导致人类更加依赖于他们所种植的作物和饲养的牲畜。相关研究还证明，人类在从狩猎采集转向多物种采集，最终转向农业生产的过程中，身体状况呈下降趋势。尤其是农民的身材矮于采集者，并且更容易受到疾病的侵袭。

这些发现及研究为说明人类向农业社会转变这个问题提供了更加多样的解释。经济学家科林•塔奇（Colin Tudge）从前农业时代的角度指出，基本的农业技能使农民优于周围的非农业人口。在狩猎采集的食品来源出现暂时短缺时，农民能够继续生存，这可能也促使他们在更加广阔的区域内狩猎，这应该可以解释更新世大型动物消亡的原因；狩猎者们可能考虑到如果动物消失，他们可以从种植作物中获得补偿。

在塔奇看来，这个补偿计划就是一个陷阱。农民提高了粮食产量，可以养活更多的子女，反过来迫使人类依赖农业养活日益增长的人口。他指出，一些早期文献，比如圣经中的《创世记》以及考古发现都突出表明农业生产如何困难，人类又是如何痛恨它。有些古代神话，比如从《吉尔伽美什史诗》到《圣经》中雅各与以扫之间的冲突，将自由自在的、像动物一样（比如披头散发）的猎人与文明程度较高的农民进行对比，两个故事都描写农民欺骗猎人，让他们羡慕文明社会，放弃自由自在的生活。 11

农业和文明是陷阱的观点在贾里德•戴蒙德（Jared Diamond）的一篇文章中达到极端，他声称农业是“人类历史上最大的错误”。戴蒙德以狩猎采集到农业时代人类体质下降的证据为依据，指出农业的扩张导致疫病传播，营养不良和饥荒。之后，他又将农业社会的出现与社会等级产生联系在一起，在这个等级体系中，农民从来都是最低等级或最低种姓，妇女又是农民中的最底层。另外，由于农民生产剩余粮食，因此能够养活更多人口；农业社会养活了大批军队，迫使剩余的狩猎采集者逃离故土，被消灭，被迫融入农民的国家。他宣告农业生产所昭示的富庶生活从来就没有实现。

这些悲观论调似乎向传统的农业进步的观念提出挑战。传统观点认为，农业是人类的重大发现，是艺术、科学、技术、城市生活和其他文明成果产生的前提。另外，这类悲观研究还促进了前农业社会和非农业社会的研究。部分学者甚至认为人类应该回归更为自然、更为和谐的狩猎采集的生活方式。但是，这类观点与他们所批判的观点一样都过于片面了。

从逻辑上讲，农业的发展并不一定要剥削妇女或奴役多数劳动者。在一些农业社会中，男性、女性或两者都从事主要的乃至更为艰苦的劳动，有些农业社会的基础是自由劳动。对前农业社会的研究表明，众多非农业社会也曾经出现或存在社会分化；部分社会剥削妇女或其他团体。这些研究否定了农业与社会等级和剥削之间存在必然联系的结论。但是我们也不能低估不同时期、不同地点的农业在社会领袖和社会团体剥削和奴役下层人民的过程中所发挥的作用。

悲观论者忽略了农业解决的问题。根据现有观点，人类从无目的的流动转变为广谱革命的原因在于人口增长导致原来的流动生活水准下滑，甚至导致人类体质下降。这说明一个成功的流动人口社会也有可能出现人口增长现象，会导致主要食物资源紧张，导致流动更加频繁，最终向他处迁徙以寻找新的食物资源，或者创造新的食品生产方式来维持生计。考古学成果已经逐一证明这些后果，唯一一个长时段的研究角度就是食品生产。对于戴蒙德以及其他对农业持批评意见的学者来说，至少有一点无从反驳，即持久发展的农业是人类生活和文化形成的条件。

12 悲观论者还忽略了粮食和牲畜交换在某些关键时期和关键地区的作用，短途交换和长途交换促使世界范围内食品生产的数量和质量大幅提高。中世纪晚期，穆斯林将亚洲的作物引进欧洲，16 世纪开始的哥伦布交换体系以及 20 世纪各种高产物种在全球范围内扩散，另外还有很多，这些都展示了农业积极的一面和发展潜力，农业的优越性大于其弊端。

悲观论者还提出许多需要继续探讨的问题，这可能最为重要。如果农业是一个陷阱，它的出现是个错误，那么它为什么能够兴起？难道是少数精英人士从农业中获利，迫使广大的穷人耕作土地吗？这怎么能够发生？这是全部事实吗？经过数千年的四处漂泊、前农业社会、家畜饲养、农业、村落和文化发展之后，公元前 4 千纪晚期至前 3 千纪，文明形成，明确的社会等级划分随之产生，农民在其中的地位比较尴尬。他们显然是社会的经济基础，占人口的绝大多数，他们是穷人，但是他们的历史显然比陷阱和错误要复杂得多。我们如何解释这个矛盾？

双重剥削

我所确立的“双重剥削”分析框架将更加深入地解释农民与自然环境和社会环境之间的各种关系。农民依附于自然环境，水、土壤和天气变化以及动物、植物及其他生物的行为都将对农业生产构成威胁。为了应对这些威胁，农民曾经改变耕作方式或规律，引进新品种，或者向别处迁徙寻找更适宜耕作的土地和更良好的环境。另一方面，大多数时候，农民臣属于村落之外的别人，这些人通常是城市中的权力人物，比如国王、军队、税务官、银行家或市场。某些情况下，受到压迫的农民起义反抗市镇，推翻帝国，或者至少在国家存亡关头发挥重要作用。

双重剥削的两个组成部分，即环境变化和政治统治，又往往自我局限、自相矛盾。政府和其他权力人物——比如贵族地主，压制农民——比如农夫、农奴或奴隶，使他们只能处于较低的从属地位，限制农民的政治地位，督促他们拼命劳作，缴纳赋税。但是，与此同时，城市、政府及其他权力机构又依赖农民以满足生活需求。环境危机导致粮食歉收，负担沉重，农民利益遭到践踏，这也威胁到村落内外居民的生存安全。为此，政府会或 13
早或晚地实行发展农业政策，通过释放奴隶、减免赋税、平抑物价、土地买卖贷款、政府投资水利设施、完善权力以及教育体系等一系列措施来减轻农民负担。

双重剥削是农民中心——或者农民视野——的历史。人类发展农业，文明随之诞生。人类进入文明时代后，在苏美尔、埃及、印度、中国、美洲等地，农业仍然是文明的基础，这体现在三个方面。第一，文明——市镇和城市、城市人口、军队和领袖——依赖农业生存。第二，农民在自然世界和人类社会的夹缝中求生存，起某种“缓冲”作用——自然灾害往往首先打击农民，他们是首当其冲者。第三，农民是最低级或者次低级的社会集团，也是至今为止人类历史多数时期内人数最多的职业集团。

从这个角度说，文明的含义比我们通常认识的更加特殊，甚至有些消极，当然还不能达到戴蒙德的全盘否定的地步。文明的定义大多强调它的复杂性、成熟性、发展性，以及文明在发生发展中遇到的各种机遇。但是，从农民的视角看，文明更多地体现为城市统治农村，城市居民凌驾于农民之上。文明依赖于“被征服的”农民，这是非洲文明研究者的定义。这种征服反映在许多方面，有些对农民漠不关心或者虎视眈眈，有些关心体贴农民。历史上发生的饥荒也反映了这种关系。有些时候，在危机爆发时或战争期间，城市居民从农村掠夺粮食；有些时候，在自然灾害或经济困难时，城市居民挽救农村人口。非农业人口在农民的双重剥削体制中扮演着不同角色。农民仅在少数社会中拥有权力或者平等权利，或者至少拥有某种程度的自治，没有受到剥削。

农民和农业的发展及特点以及他们与农村之外居民的关系对于我们理解过去和现在的世界尤为重要。农民和农业的历史差异极大，但是也有共同的核心主题，包括人类经验中最为关键的部分。本书主要关注农业、经济和社会发展的历史进程。从广义上说，它将描述长期影响农业的环境危机以及世界多个地区存在的农奴制度的构成要素。之后将概括飞速发展的奴隶解放运动及导致众多传统的双重剥削要素消失的现代技术的发展状况。这些发展惠及几乎所有农民，但是也改变了多年来城市与农村的相互依赖关系。在某些地方，城市和农村几乎连成一片，农民生活在城市中，农业生产成为非全职职业。

14 但是，这段历史并没有就此停止。现代社会取得了巨大进步，不过仍然还有众多自历史时期开始以来就一直存在的问题没有解决。世界上的多数农民仍然受制于未知的自然世界，城市人口，包括商人、政府或军队的态度在今天仍然一如既往地强硬。

延伸阅读

这里涉及的内容众多，获得进一步的线索应格外关注以下著述：Colin Tudge, *Neanderthals, Bandits, and Farmers*（New Haven, CT: Yale University Press, 1998）; Michael Blater, *The Goddess and the Bull*（New York: Free Press, 2005）; Peter Bellwood, *First Farmers*（Oxford: Blackwell Publishers, 2005）; Bruce Smith, *The Emergence of Agriculture*（New York: Scientific American Library, 1994）; Ping-Ti Ho, *Cradle of the East*（Chicago: University of Chicago Press, 1975）。贾里德·戴蒙德的论述在众多网站中可以获得。

第二章

古代社会的农业：土地与自由之间

第一次大规模冲突

15 前 言

历史上最早的文字资料出现的时间可追溯至公元前 4 千纪晚期和前 3 千纪早期。相关资料说明这时社会已经出现严格的社会等级，城市——有统治者、祭司、士兵、官员、商人——和农村——有地主、农民和劳力——相同，都存在等级差别。学者们曾经认为政府需要强迫大量人力从事劳动，维护水利设施，也就是说古代世界的基础是“奴隶生产”。但是目前只有少数学者仍然接受类似观点。

多数农民最初只是小生产者，他们向政府缴纳赋税或服劳役，这类政府可能是城邦，也可以是帝国。有关第一批文明（两河流域、埃及和南亚）的资料十分有限，对于之后发展的记录语焉不详，但是在古代希腊、罗马和中国，大地主阶级最终形成，他们可能是统治阶级，也可能是农民，他们需要更多的土地供养其他农民。这些大地主剥削下层农民，达到一定程度后将有可能改变政府的性质。历史上部分早期社会改革者曾经尝试扭转或者至少延缓这样的转变，但是收效甚微。

希腊

古代希腊，特别是雅典对于世界文明的发展做出过决定性的突出贡献：民主政治、哲学（包括“苏格拉底法则”）以及艺术成就。取得这些成就的先决条件是公元前 6 世纪雅典统治者梭伦的重要改革，这次改革帮助雅典脱离其他希腊城邦的传统模式。为了理解这个问题，我们将从希腊所处的地中海地区的环境及农业生产方式讲起。

在文明鸿蒙时期，希腊半岛森林茂密、高山峡谷遍布，气候为地中海
型气候：夏季炎热干燥，秋冬季节多雨寒冷。茂密的森林保证土壤免受雨 16
水侵蚀，避免了水土流失。土壤大多浅薄，但是伯罗奔尼撒半岛南部美塞尼亚（Messenia）地区的土壤十分肥沃，色萨利（Thessaly）中部地区为辽阔的平原，即拉里萨平原（Larisa），周围群山环绕，这里的土壤同样十分肥沃，被称为“希腊半岛的面包篮”。这样的农业环境制约着农业生产的产量，并意味着人均资源将受到局限。

为了适应地中海地区的气候，希腊农民主要种植冬小麦，秋季播种，次年春天收获，这种代表作物为两季作物。他们还种植大麦、小扁豆、苹果、梨、无花果、石榴，特别值得一提的是橄榄，他们至少在公元前 1000 年已经学会种植这种作物。他们也从事畜牧业生产，包括牛、绵羊、山羊和家禽（鸡大约在公元前 1000 年从印度引进希腊）。希腊人在农业技术领域并未取得重大突破：他们使用简单的工具，大多为木制工具，比如刮犁（ard），这是一种十分简单的犁地工具。他们用手工播种，锄头盖土，金属镰收割。他们还从事酿酒、磨橄榄劳动。

希腊军队和政治制度的主体是农民。农民在农闲季节作战保卫领土，扩展边境，但是在农忙时通常结束战斗。他们是“重装备步兵”，手持长矛组成方阵。

希腊人采用两种农业制度。一种以斯巴达为代表，采用奴隶制度，以强制劳动或奴役周边人群为基础，通过征服战争和暴力维持统治。另外一种以雅典为代表，大多以各种规模的私人农庄为基础。这类农民拥有奴隶，但是他们在农业生产中发挥的作用不大，也不构成独立的社会团体，不承

担农业义务。雇佣劳动更为重要，并且有继续完善扩展的趋势。

斯巴达的奴隶制度

很显然，早期希腊城邦中多数采用典型的奴隶制度模式。早期希腊迈锡尼社会和米诺斯克里特社会主要依赖农奴和奴隶耕种土地。但是，所有文献证据都显示这类奴隶制度受自然灾害、起义、入侵以及人类权利意识觉醒等因素影响，会有所变化，至少部分地受到削弱。公元前 1200—前
17 1000 年间，由众多民族组成的海上民族摧毁希腊。在之后的“黑暗时代”，公元前 1700—前 1000 年间，希腊文明衰落，该地区重新回到为生存而生产的地方经济阶段；但是与此同时，自主管理的城邦形成。

古典时期，公元前 600—前 400 年间，斯巴达城邦的奴隶制度对农民的剥削程度比该地区其他国家严重。公元前 10 世纪，斯巴达人在伯罗奔尼撒半岛定居，与其他希腊人一样建立军事寡头国家。但是，斯巴达人与众不同的一点是，他们将国家转变为一个军事殖民地，国家中全体斯巴达人都接受军事训练，随时备战。为了维持这个体制，也为了预防袭击，公元前 8 世纪和前 7 世纪，斯巴达人征服邻近地区居民，并迫使他们臣服。其中包括与斯巴达人共处同一个峡谷的拉凯戴蒙人（Lacedaemonian）以及邻近地区美塞尼亚城邦的美塞尼亚人。战胜他们后，斯巴达人获得了希腊半岛最适宜耕种的 8 500 平方公里土地。

之后，斯巴达人将这些被征服者没落为“希洛人”（Helots）。这个名词源头不详，但是希腊人称这批人为“介于自由人和奴隶之间的人”。希洛人作为一个整体被视为斯巴达人的财产，为各自的斯巴达家庭耕种土地。希洛人可以拥有家庭、财产，可以保持自己的宗教信仰，但是他们必须辛苦劳作养活自己和斯巴达人。他们必须上交全部产量的一半给斯巴达人。斯巴达人威慑希洛人，努力维持自己的掌控权。斯巴达统治者每年都会宣布进入战争状态，允许甚至鼓励斯巴达人袭击、惩罚甚至杀害希洛人。

美塞尼亚人并不甘心接受这样的处境，他们数次发动起义。公元前 464 年，斯巴达遭遇大地震，多数城市被毁，人员伤亡惨重。这削弱了城邦的战斗力，给希洛人起义提供了契机。斯巴达没能镇压这次起义，最终

以签署停战协议收场。雅典将所有希洛人幸存者迁往远离斯巴达的流放区域。公元前371—前369年，忒拜（Thebes）城邦打败斯巴达，将美塞尼亚从斯巴达领土分隔出来。建立一个新城邦，由原希洛人及公元前5世纪60年代起义者的后代居住，他们仍然保留着起义者的记忆，因此产生自由平等的思想观念。这个观念借鉴自古典文献中诡辩家阿尔基达马斯（Alkidamas）的《美塞尼亚演说》中有关"神让所有人平等；自然不让所有人为奴"的话语。

斯巴达人并非唯一一个奴役邻近居民从事强制劳动的城邦。许多希腊城邦都依靠依附劳动力从事农业生产。亚里士多德在其《政治学》中甚至说在一个理想城邦里，来自其他地区的或非希腊人的农奴和奴隶应该成为公民从事农业劳动。

雅典的梭伦改革 18

公元前7世纪，雅典农业发生变革，对奴隶制造成威胁。在古风时代（Archaic period），或者最晚在公元前6世纪，氏族集体拥有土地，个人无权出售土地，也无权抵押借贷。农民使用自己的家族成员从事劳作，家族关系成为担保纽带。这样的家族成员大多最终成为富裕农民的雇农，必须缴纳绝大多数收成。这类依附性的家庭成员被称为"六一汉"（hektemors），这个名词有"六分之一"的含义，但是从相关资料中我们无从判断六一汉是向雇主缴纳六分之一收成，还是自己保留六分之一的收成。如果六一汉已经无力缴纳足够租税，他和他的家庭将依法沦为奴隶，雇主有权出卖他及他的家庭成员。

导致小农致贫欠债的因素还有环境和人口因素。雅典占地仅2 600平方公里，不足斯巴达的三分之一，土地也相对贫瘠。早期雅典农民砍伐树木，开垦土地，导致水土流失，作物数量减少。雅典人从畜牧业转向大规模种植粮食作物，以获得更多的食物满足不断增长的人口需求。在《荷马史诗》所描绘的牲畜成群的地方，古典时期的希腊人已经以粮食和蔬菜为主要食物，饲养的家畜主要是山羊和鸡。希腊农民生产的粮食一般仅能够维持生计，特别是雅典更是经常处于粮食短缺状态。

公元前600年，雅典面临一次经济和社会危机。许多希腊人沦为六一汉，主要原因是拖欠地主或其他人租税，许多人沦为奴隶甚至被买卖。城邦贵族或雇主用石头（horoi）标志六一汉的身份，显然说明这些人的粮食已经属于雇主，不能被买卖。

为了渡过这场危机，公元前594年，雅典贵族选举他们中的一员梭伦为执政官（archon），成为一个拥有接近独裁者权力的领袖。梭伦马上着手改革，平衡穷人——大多是六一汉和奴隶——与富裕贵族之间的利益关系。梭伦下令废除全部债务和以石头为标志的各类合同，为了保护个人及家庭成员，下令禁止借贷。他释放所有债务奴隶，并且帮助沦为债务奴隶被卖往他处的雅典人回家。雅典人称这一系列法令为《解说令》（Seisachtheia）。梭伦还采取措施将雅典经济引向商业经济。他鼓励出口橄榄和油料，但禁止所有其他农产品出口，他提议父亲向自己的儿子传授非农技能和商业知识，并且邀请外国人到雅典为经济发展出谋划策。

19 这些政策在雅典引起极大的反响。许多六一汉期望收回自己的土地。但是梭伦拒绝进行土地改革。他采取的措施是迫使贫困农民承认自己的债务，成为雇农或雇工，在大地主的土地上或在雅典劳动。梭伦的改革保护赤贫人口，使他们免于沦为奴隶，但是他也保护财产所有者的利益，支持手工业和出口贸易。出口贸易使雅典有能力进口粮食，能够满足城邦所需粮食总量的一半需求，能够打败（与斯巴达联合的）波斯人，能够创造出公元前5世纪古典时代的文化。这次改革也避免了希洛人那样的奴隶阶层形成。

公元前5世纪晚期至前4世纪早期的伯罗奔尼撒战争对雅典造成巨大破坏，也导致农业生产方式发生巨大变化。众多家庭丧失了男性劳动力，幸存者的劳动能力也有所降低，富裕农民和城市居民因此获得被废弃的和欠债者的土地，利用雇农和奴隶劳动。这个变化对雅典和城邦周边各地区造成影响；在更加遥远的地区，小农经济仍然占据主导地位。这正是希腊化时代的模式。

公元前4世纪，雅典和其他希腊城邦面临着定期粮食短缺的问题，他们的技术水平制约着他们改善土地、提高产量的能力。这些城邦中的少数，比如雅典，能够从殖民地获取补偿；但是多数城邦只能被迫控制进口和分配。依赖粮食进口的雅典任命了 35 名官员管理海外进口粮食，避免滥用粮食，控制商人、磨坊主和面包师的利润，避免投机和压低价格行为。梭伦严禁粮食出口的法令在当地执行，也被其他许多城邦借鉴。提奥斯（Teos）城邦给予干预粮食进口者或囤积居奇者以死刑处罚。

斯巴达这样的奴隶制城邦和雅典这样更加民主、更加人性化的城邦之间的差异显然部分源于领袖和贵族的决策，也反映了传统观念的差异。差异也源自自然环境的不同。斯巴达控制的领土面积比雅典更大，可耕地数量更多。这些高产土地意味着城邦更加依赖依附农民，比如希洛人，即便农民反抗或抵抗，也能够保证稳定的粮食供给。高压统治和土地天然的高产保证这些农民能够生产足够的剩余粮食。

雅典的土地比较贫瘠，实行小农经济，获取生存资源是一场艰苦卓绝
的斗争，因而这个社会不能将这项工作交给拒不服从的农奴。相应的，危
机重重的生活意味着农民与城邦政治利益存在直接联系，因为每项决策
都可能与他们的利益和生存息息相关。自梭伦改革开始，雅典向商业经济
转变，这种转变在公元前 4 世纪继续发展，雅典更加依赖贸易活动，这改变
了原来的模式。此时，雅典在与环境的斗争中基本已经败下阵来。商业贵 20
族的数量上升，财富增加，普通农民往往成为无地的劳动者，其经济等级地
位与斯巴达农民差别极大。

罗马的第一次土地改革斗争

罗马兴起时还是一个农业城邦，罗马人称之为共和国，与雅典同样实行小农经济，为保卫领土、扩大土地而奋斗。在其早期发展阶段，公元前 1800—前 1500 年，罗马农民发展了地中海农业社会的粮食、橄榄和葡萄酒酿造技术，并饲养牛、绵羊、山羊和猪。

早期历史阶段的末期，罗马已经形成严格的等级社会。债务在等级划分中占据重要地位。债务成为不同等级人口之间长期联系的纽带，成为富裕贵族加强统治普通人和穷人——几乎全部是农民——的主要方式。根据

罗马《十二铜表法》，如果债务人无力或不能按时偿还债务，债权人有权夺取债务人财产，出卖债务人为奴，或者剥夺他们的自由，拉丁语称“nexum”，强迫债务人为债权人劳动，直到其报酬足以偿还所欠债务。

罗马共和国的历史，特别是其衰落期的历史与农业历史的发展有着千丝万缕的联系。从公元前 6 世纪开始，罗马出现两个主要的权贵阶级，他们控制大片土地。贵族是主要的土地所有者，他们与军事官员行使几乎全部政治权力。平民最初由小农和在贵族土地上工作的雇农组成，雇农是贵族的附庸，是他们的士兵。其下又细分为六个社会经济等级，从元老阶级、最富裕的财产所有者，到没有任何财产的无产者。

公元前 5—前 4 世纪，在“平民与贵族斗争”中，平民得到贵族承认，最终罗马平民获得几乎与贵族平等的权利。平民成立了自己的立法机构——部落会议，与贵族的元老院抗衡，他们还获得权利派遣自己选举的保民官否决元老院的决议，在部落会议上提出决议。元老中与保民官同级者是执政官，是共和国军队的最高领袖，但是无权干预平民部落会议事务。公元前 2 世纪，平民与贵族之间的差距缩小。众多平民日益富裕，获得权利，上升为贵族，成为执政官或其他高级官员，并与贵族联姻。

罗马的军事扩张政策还包括打击敌人的农业经济。这对农业发展产
21 生深远影响。从公元前 4 世纪到公元前 2 世纪早期，罗马发动一系列自卫战争，征服了意大利半岛及北非大部。战争使罗马领土迅速扩张，土地面积扩大。罗马军队通常将被征服居民变为奴隶，侵占他们的土地。政府将这些土地分配给退伍军人或原罗马国家的穷人。罗马人用数量众多的奴隶取代债务劳动力从事生产劳动，公元前 310 年，罗马废除债务奴隶制。

战争使土地获得者受益，给意大利带来财富，但是这给农村经济的发展带来难题，这是因为士兵离开土地的时间比以往更长久，有些再也没有回来。公元前 2 世纪，罗马拥有几十万人口，很多有钱人投资市场。大土地所有者，主要是贵族投资市场。在新兴城市附近，这些土地所有者获得更多土地，他们通常采用坑蒙拐骗或借债等手段从士兵家庭手中夺取土地。此时他们已经拥有“大庄园”（latifundia），并使用奴隶劳动，生产的葡萄酒和橄榄油供应本地市场。在比较偏远的被征服地区，比如西西里或北

非，大土地所有者使用奴隶种植粮食作物供应城市。

这些大庄园并没有消灭农民阶级，农民仍然占帝国人口的绝大多数。大庄园一般位于大城市、主要贸易路线以及港口附近；在偏远地区，小农经济仍然占据主导地位。同样，大庄园也并非单一的大农庄。“大庄园”一词也指一个所有者拥有的众多小庄园，所有者通常将他们的土地分为小块以方便出租。

罗马的奴隶阶级不是一个整齐划一的阶级：有些奴隶成为农业生产或其他产业的管理者，能够获得自由，甚至最终成为类似产业的所有者；有些奴隶参与的活动并无多大的局限性，比如牧民。共和国时期的资料记录了一些流动生活者的最早证据，以及牧民与牲畜季节性迁徙者——从夏季高纬度草场向冬季低纬度草场迁徙——的证据。有些奴隶还种植橄榄树和葡萄，这同样不是十分艰苦的工作。在众多新征服地区，比如西西里、西班牙和北非前迦太基地区，有些土地所有者使用奴隶从事种植粮食和其他作物等粗重工作，待遇极差。这导致奴隶起义，比如公元前136—前132年的西西里奴隶起义。在罗马军团镇压起义之前，奴隶控制了西西里几乎一半的地区。

罗马的扩张改变了国家的性质，从民兵组成的小共和国转向广阔的、复杂的、社会分化鲜明的国家，也迅速摧毁了古老的小农经济为核心的阶级集团。小农经济的困境成为罗马领导阶层的核心事务。

在扩张过程中，罗马设置大块可以自由占有的“公地”（ager publicus）。 22
公元前2世纪早期的一条法令将土地占有的面积限制在500尤格（iugera）以内，即300英亩左右。但是，在该法令颁布几十年间，众多大土地所有者、长老及其他贵族，共计接近2 000个家庭破坏了这条法令，所扩展的土地面积超越这个界限。他们采用债务、恐吓和强迫等手段从小土地所有者手中获取土地，已经成为雇农的平民或无地者逃往罗马或其他市镇寻求生计。

罗马和农村中因此出现许多穷人，他们对社会稳定构成威胁。少数穷人能够服兵役，或者获得参与建筑工程和其他工程的机会，但是在公元前150年，这些机会也丧失了。

与此同时，农村中有许多奴隶从事农业生产，在公元前2世纪，起义的危险日益逼近。部分罗马人指责日益扩张的奴隶制导致农村人口减少，因为小农的土地落入非法积聚土地者手中，但是并没有招募耕种者，因为大土地所有者主要依靠奴隶劳动。奴隶生产供应罗马橄榄油和葡萄酒，地方土地供应市场的能力上升。当时的人士认为这种状况对罗马的供应和安全均构成威胁。罗马不得不从西西里和北非奴隶庄园中进口粮食，城市供应在奴隶起义时必然受到严重威胁，同时农村地区人口下降也导致罗马军队中合格兵员数量减少。

部分现代研究者指出农村人口出现饱和。战争造成一系列战后“生育高峰”，罗马人口日益聚集，现有土地已经无法养育这些人口。大土地所有者非法扩张土地更是雪上加霜。罗马曾经在地中海周围征服地区建立殖民地，但是这些殖民地面积较小，不足以容纳无地者以及潜在的不稳定人口。

无论人口不足还是人口饱和，这样的局势都是地区冲突的导火索，影响罗马社会和政治达几个世纪之久。罗马政府颁布限制土地占有法令已经说明在战争间隙，这个问题已经受到关注。在公元前 2 世纪的前几十年时间里，罗马已经将大约 100 万尤格（约 60 万英亩）土地分配给 10 万个家庭，部分给予士兵，部分给予殖民地，但是此举也开始消耗可供分配的自有土地。公元前 2 世纪 40 年代，一名罗马执政官莱利乌斯（Laelius）倡导农业改革，但是由于利益关系遭到抵制并撤销。

公元前 2 世纪 30 年代和前 2 世纪 20 年代，出身平民与贵族家庭，声
23 名显赫家族的两兄弟塞姆普洛纽斯·格拉古曾经尝试通过土地改革缓解这场农业危机。公元前 133 年，长兄提比略·格拉古攻击罗马的贵族和富人攫取战争果实，指责政府的公地分配政策导致他们的私人土地占有面积大于法定界限，因此被选举为保民官。提比略计划制定法律规定 500 尤格为土地占有上限，将征用土地分成小块分配为无地农民。他认为这次改革应该为招募更多士兵提供经济基础，使罗马更加依赖小农，而非不断起义的奴隶。

提比略将这项法令提交部落会议，因为他知道元老院的贵族绝对不会同意。部落会议经过激烈争论最终通过土地法令，并且任命一个包括提

比略在内的委员会执行。为了保证执行效果，提比略以前所未有的效率第二次竞争保民官职位，提比略的对手，包括元老及其保民官同僚曾经极力反对他的农业改革法令，此时认为他此举是为了获取更大的权力。提比略寻求农民和贫穷的罗马人的支持，但是部分元老和他们的追随者袭击提比略的支持者。在之后爆发的混战中，成百人被杀害或被踩死，其中包括提比略。

提比略法及他的死亡将罗马人区分为支持和反对土地改革的两大阵营。元老院调查提比略保民官工作，惩罚处决了他的部分对手。公元前132年，农业法执行委员会开始工作，公元前129年已经重新分配所有适宜耕作的土地，但是此后该委员会就陷入无休止的争论和法律诉讼中。

在这个过程中，公元前2世纪20年代，提比略的弟弟盖乌斯（Gaius）崛起，成为新的平民领袖，他提出一个长远的改革计划。公元前123年，他被选举为保民官，由于他在公众中享有盛誉，因此连任两届。现有证据显示，盖乌斯的农业改革法令扩大了提比略创立的委员会的权力；此刻，他们有权分配的公地范围已经超出意大利，包括部分新殖民地的大块土地。盖乌斯还在罗马历史上第一次颁布粮食分配法令，每个月以固定价格分配粮食给罗马城的穷人，即“粮食法”（*lex frumentaria*），它在一次奴隶起义、粮食歉收、罗马粮食供应减少导致粮价上涨等一系列事件之后颁布。盖乌斯的法令获得民众的广泛支持，在某种程度上削弱了富人对穷人的控制权。该法令也形成一种法律共识，即土地改革有所局限，罗马的众多穷人永远不能夺回土地。该法令实际上是一项给予保证供应的大地主和粮食商人的国家福利。

部落会议通过了盖乌斯的提案，但是遭到其他保民官，特别是元老院
的反对。数日内，罗马爆发小规模内战。盖乌斯的势力迅即瓦解，他和他 24
的3 000名支持者或在冲突中丧生，或在随后的“调查”中被处死。元老院撤销、摧毁盖乌斯制定的大部分法令条文，终止重新分配公地工作，巩固了私人财产制度。

尽管数次失败，但是此后的政治领袖仍然不断面临土地改革问题。公元前100年和公元前91年的保民官两次尝试实施公地分配政策，但是

都毁于阴谋诡计，而被杀害。公元前82年，元老及军队统帅苏拉（Sulla）占领罗马，征缴意大利土地——部分土地来自他的对手，他将这些土地分配给他的8万名士兵，镇压企图将土地归还原所有者的行为。公元前62年，元老喀提林（Cataline）竞争执政官职位，他倡导废除债务，重新分配土地。他在选举中失败，逃往罗马北方并集结军队，在与元老院军队的战斗中，他和他支持者阵亡。

最终，危机导致共和国向帝国转变，公元前59年，尤里乌斯·恺撒在他的第一个执政官任期内在元老院推进土地改革政策。许多元老激烈反对他的提案，他转向部落会议寻求支持，驱逐众多反对者，最终通过法案。恺撒继而威胁元老们宣誓赞成土地改革法案。他亲自监督将土地分配给退伍军人和穷人，意大利土地较少，西班牙、北非和地中海东部居多。恺撒还下令建立众多新殖民地。

一个元老团体最终决定暗杀恺撒。之后爆发的内战中，三巨头，即马可·安东尼、屋大维和雷必达，再次将土地分配给绝望者以保证和维持军队的忠诚。他们采取剥夺反对者权力的方式消灭敌人，夺取他们的土地，将其完全分配给罗马控制下最为富裕的40个城市中的军队，并征用土地和财产。这导致大规模的分配不公，造成巨大灾难。屋大维打败马可·安东尼，为帝国夺取埃及，这时他需要大量财富保证他遣散14万名士兵，并为他们购买土地。但是，对于公民来说，土地改革毫无建树。

罗马帝国的农业

农业和农村社会是罗马帝国及之后的政权从古代向中世纪转变的核心内容。罗马帝国时期的农业发展史中并没有发生共和国末期格拉古兄弟改革那样的重大事件。帝国时期，众多重要的大农庄规模日益扩大，在这些庄园中，奴隶的作用因罗马人所称“隶农”（coloni）而下降。戴克里
25 先和君士坦丁等领导者制定法令限制农民人数增长，导致中世纪早期西罗马奴隶制广泛流行。

没有资料记载大庄园和小农的人数比例，但是显然大庄园主要存在于意大利、北非、埃及的一些地方。大庄园使用奴隶和自由工人工作，雇佣

劳动和雇农劳动同时存在。多数庄园一般主要生产某些产品。部分（特别是在意大利南部）主要是大型牧场，饲养家畜，有些主要种植葡萄和树木，生产葡萄酒和橄榄油，还有的生产粮食供应罗马、拜占庭和其他大城市。有些庄园拥有几百名各个等级的劳动者，产业发展也十分成熟。许多罗马地主甚至撰写专著传授管理大庄园的技能。小农经济仍然发挥作用。4 世纪，罗马皇帝承认基督教，尊其为国教后，天主教会获得大量土地，大多由奴隶耕种。

这些庄园所生产的产品供应城市市场或政府。大粮食生产庄园位于北非和埃及，供应罗马和拜占庭。拜占庭与都城罗马一样，在帝国晚期采取粮食配给及向穷人分配土地的政策。罗马政府与粮食供应商签署多年期统购合同，定期向这些城市供应粮食。

大庄园经济造成的经济影响不一。托勒密和希腊化时期的中东统治者发展了埃及，特别是尼罗河三角洲东南部的法尤姆地区，使其成为粮食、葡萄酒及其他产品的主要生产地，供应帝国城市。罗马征服托勒密埃及后，这个地区开始衰落。罗马人维修水利设施，发展粮食生产，复兴贸易活动。但是罗马人强迫征服政府垄断与罗马的贸易和农产品——特别是粮食——运输，作为无补偿的税收。罗马统治阶级将埃及的众多私人庄园转为国有。

2 世纪时，罗马政策造成埃及城市人口和农民陷入贫困。失地者聚集导致公元 172 年牧民起义（boukoloi）爆发，这是被罗马征服近两个世纪后埃及第一次爆发反对罗马统治的农民大起义。

继任皇帝采取各种办法缓解矛盾，但是收效甚微。上缴粮食的份额维持在比较固定的水平，一些皇帝在尼罗河水位下降、粮食减产时曾经减免赋税。3 世纪的一些罗马饬令反映出失地农民在各地流窜的情形。5 世纪，记录在案的荒废村庄数量增加，但是少数显赫家族和教会产业积聚大量土地，迫使农民在他们的保护下生存。罗马政府默许这种情况存在，埃及被瓜分为多个地方专制政权，直到 7 世纪阿拉伯人入侵时仍然未统一。 26

公元前的后两个世纪，在对外征服过程中，在罗马共和国衰落过程中，罗马奴隶制已经达到顶峰。帝国早期，罗马征服的新区不多，奴隶贸易明显下降。但是罗马农业生产中使用的奴隶数量仍然相对较少，尽管出现了大庄园。罗马农学家认为奴隶劳动最适合生产经济作物，特别是葡萄和橄榄。奴隶往往成为专业生产者，有可能因他们的劳动获得解放。

帝国时期多数人口仍然是小农。公元96—98年，涅尔瓦（Nerva）皇帝在小范围内重新分配土地。现有证据很少记录这些小农，但是我们知道他们中的许多人参与季节性流动，以保证在农闲季节能够养活自己，与当今发展中国家的农民相似。帝国晚期留存的纸草文献中出现更多庄园与各类劳动者签订的劳动合同，数量比罗马历史上之前几个世纪的合同总和还多。这些合同中包括租佃、直接租赁和其他方式。少数生产者饲养牲畜，主要是绵羊和山羊，公元前1世纪时，他们在冬季赶着牲畜前往低纬度草场，在夏季迁往高纬度地区。这种季节性流动的生产方式遍布整个地中海地区。

帝国时期的资料中有关庄园劳动者和其他隶农——帝国早期这个名词指以各种方式租赁土地者——的记载越来越多。在部分地区，等级身份世袭。与此相同的“雇农”（inquilini）阶层无权租赁土地，只能充当雇佣劳动者。4世纪和5世纪颁布的一系列法令改变了这些人的身份，我们称之为农奴。

这些法令颁布的初衷是将人口固定在其工作岗位上，保证有稳定的纳税地点，能够生产必需品。4世纪，戴克里先和君士坦丁统治时期，罗马颁布一系列法令规定人民必须居住在工作地，隶农必须居住在登记纳税的地方。后续法令还规定，对于曾经属于某个特定人物的、被他人带离的隶农应归还原主，并且归还离开帝国庄园的奴隶、隶农和他们的子女。4世纪90年代，颁布法令规定隶农是“土地的奴隶”，并且禁止他们投诉地主——租赁除外。后来的法令规定隶农禁止担任陪审员，禁止参与公共服务劳动，禁止参加军队或执行圣令。这些法令最终将奴隶和隶农融合，不仅隶农，包括农民在内，离开村庄者将受到惩罚，并遣送回乡。

尽管问题仍然很多——有些隶农拥有奴隶，这些法令已经说明罗马征
27 服者已经考虑将多数人口固定在农村，由世俗和宗教地主控制。由于罗马的多数高级官员同时也是大地主，立法者通过这一系列法令满足土地所有者

的利益。我们将要看到，多个世纪以后，俄国农奴制也走上相同道路。

中 国

中国的农业发展史与希腊和罗马相同，起源于失地的小农依附于富裕地主，成为不断扩张的帝国内的赤贫阶级。这个模式对于中国历史的影响更加巨大，因为这里的环境更加变化多端。自然灾害、大批农民的贫困化以及地主和官僚滥用职权等导致人民起义，造成汉朝政府两度被推翻。

中国农业发展环境与地中海地区迥然不同。中国属于亚洲季风气候区域：降水一般发生在夏季和初秋，这时海洋季风吹向大陆，将亚洲和东太平洋联系在一起，形成复杂的气候区域。受厄尔尼诺现象（东太平洋变暖现象）影响，季风季节的降雨期缩短甚至完全没有降水，导致干旱和粮食歉收。拉尼娜（东太平洋气候变冷）现象可能导致季风程度加深，时间延长，造成洪水爆发，村庄被毁。公元前200—公元1900年，中国2 100年的历史记录显示，类似天灾造成1 800次饥荒。几乎每年农村都要发生洪水、干旱、虫害和其他类似灾难。有些天灾十分严重，波及面广，政府已经无力赈济，当政府无所作为时，人民爆发起义。

耕作方式偶尔可能加剧环境影响。中国农民从一开始就砍伐焚烧森林开垦耕地。砍伐森林往往造成水土流失，在中国北方最早的农业区域，它导致黄土被冲入黄河。随着河床上升，中国政府组织人民修建堤坝，避免日益抬高的河床超越地面。最终河流悬在堤坝上。公元11年，黄河决堤，蔓延数百英里，造成巨大破坏，人员伤亡惨重。

由于环境恶劣，中国统治者努力改变环境，避免发生自然灾害和饥荒，提高农业产量。一个著名的例子就是李冰在中国中部省份四川的岷江修建都江堰水利灌溉设施，避免了公元前250年的河水泛滥。这项工程历时10年，现在仍在使用。

中国统治者不厌其烦地强调农业是民之根本，是国之大事。早期中 28
国文献反映了人们极度恐惧饥荒，防备农民脱离农业从事“不事生产”的活动，比如商业。

农业在中国的两个大的地理区域内兴起。中国文明首先在北方起源，农民种植黍稷、豆类（包括大豆）、大麦、小麦、大麻和多种蔬菜，饲养“六畜”——鸡、狗、猪、马、牛、羊。直至汉代（公元206—220年）才出现大规模的农民迁徙活动，他们迁往更加温暖湿润的南方长江流域种植稻米。他们在这里首创轮耕法或刀耕火种法，即在原地烧制草木灰，用之种植稻米，之后引水除草，中国人称之为“火耕水耨”。每个较大范围的区域内都可依气候、土壤类型、水源类型等差别划分为不同区域。

早期中国的农业结构

有关中国农业历史起源最为可信的记录来自周代（公元前11—前3世纪），证据显示大约从公元前1000—前600年间，众多中国农民——可能是多数——依附于本地的地主，向其缴纳多数农产品。一份中国古代记录描绘农民基本上是农奴，在地主的管理下劳动，向地主上缴劳动所得，以此获得一定的配给品。

后来，儒家学者描绘了“井田制”的耕作模式。农田被划分为井字形，农民各自耕种外圈的一块土地，集体耕种中间的土地，所产粮食上缴地主。根据现存井田制分布范围（尚不确定）判断，它体现了地主的控制权，因为这些井田并非私人所有。

地主又要供应上级地方统治者，这个关系与欧洲中世纪封建制度相仿。公元前8世纪，周代统治衰微，中国分裂为众多小国，诸侯争霸，直到秦统一六国。公元前6世纪开始，一系列法令带来巨大变化。公元前594年，一个周代的诸侯国在中国历史上首开征收土地税先河。这些法令说明农民已经完全脱离地主控制，或者说有足够的收入缴纳赋税，已经开始成为自由农民。

在战乱频仍的时期，中国农民进行了两次重要革新：制造铁制工具和
29 使用畜力。新型的牛拉铁犁帮助中国农民开垦北方肥沃的“平原”地区。这些农业技术使中国成为地广人稀的国家。中国农民成为拓荒者，他们依附于核心家族，由最高统治者通过附庸诸侯统治。

公元前4世纪，以井田制为基础的中国农业衰落，部分原因是土地耗

竭。众多农民已经无力生产出足够养活自己并缴纳赋税的粮食，他们或沦入大地主控制，或流离失所。秦国出现许多抛荒土地，政府必须想方设法增加财富，公元前350年，秦颁布法令吸引农民定居秦国，法令规定废除井田制，土地可以成为私有财产。之后，秦国农业迅速发展，人口增加，秦国因此于公元前221年创建了第一个中华帝国。

秦统治者与后世王朝统治者一样努力消灭任何可能造成威胁的势力，比如地方诸侯，他们可能对统治者与纳税者以及粮食生产者之间的关系构成威胁。秦使杀害了能够确认的所有地方诸侯。但是秦始皇对劳动力的剥削更加残酷，他向农民征收更多的赋税用于修建水利设施和运河，农民被迫起义反抗，推翻这个王朝。

汉朝及土地改革的失败

公元前206年，秦亡汉兴造成巨大人口财产损失。早期汉朝统治者出身农民，深知国富民强必须依靠农民，因此减少政府对农民的束缚。约公元前160年，中国爆发大饥荒，在大半农村，粮食缺口越来越大，政府收入减少。皇帝的一份备忘录证明，尽管多数小农辛勤劳作，但是在正常年份尚不能养活自己的家庭，必须借高利贷缴纳赋税。公元前155年，皇帝减免税收，降至产量的三十分之一。

富裕的官僚和地方统治者、地主和商人从农民的困难中获利，他们攫取土地，雇用农民充当雇农甚至奴隶。一位长寿的皇帝汉武帝（公元前140—前87年在位）采取高压手段削弱这批人的势力：他逮捕各地首脑，没收他们的财产，向商人征收高额税收逼迫他们交出土地、释放奴隶，并且囤积数千亩土地留待日后分配。

但是，汉武帝之后地主重新掌控农村。后世皇帝将土地赏赐给宠臣，
导致情况继续恶化。多数农民境遇悲惨，遇到灾年就不得不出卖财产，甚 30
至卖儿鬻女。这个时期，文献中第一次出现“常平仓”的记录，即地方官僚有权在丰年从人民手中购买粮食，在灾年投入市场，平抑物价。但是农民的境遇仍然不断恶化，公元2年，有官员再次提出执行原来的限制土地占有和奴隶占有的政策。但是，富裕的地主和众多官僚反对这个举措，它从

来没有付诸实施。

在此期间，公元 8 年，一个名为王莽的显贵篡权，他企图消灭奴隶贸易，将土地国有化，规定各个社会等级占有土地的最高额度。这些规定只是庞大的改革计划中的一个部分，但是操作难度极大。改革也遭到地主的强烈反对，各个阶层在认定土地拥有限度时也出现混乱。

之后，公元 11 年，一次巨大灾难降临：黄河改道，入海口从山东半岛北部改至南部，跨度 200 公里。这场灾难导致洪水大肆泛滥，阻断了山东半岛与外界的联系，摧毁了政府储备。山东境内家园被毁、饥寒交迫的农民组成军队袭击当地政府机构，在洪水退后，又袭击外地机构。他们将眉毛涂红与敌人区分，因此得名“赤眉军”。

黄河改道引起各级政府机构的关注。公元 12 年，因推行不利，王莽下令废除他的农业和奴隶改革法令。山东起义军大败王莽的军队，又与前汉后裔联合。公元 23 年，这支军队与王莽军展开激战，次年[1]，汉朝复兴。

东汉统治者依靠大地主及其家族的资助获得权力，因此并未制定土地改革计划。公元 1 世纪、2 世纪的评论文章中批评众多人口脱离农业，从事手工业和贸易活动。这导致少数富人与越来越多的穷人之间的差距越来越大。

与其他领域相同，中国农业技术的变化十分缓慢。墓葬证据显示铁犁及其他工具数量增加，说明主要的农耕方式仍然是单人牵引的双牛长犁。东汉王朝同样大力修建水利设施。但是各地发展并不一致，偏远地区的农民仍然使用旧工具，采用旧方法劳作。在西汉末期，新型农具和水利灌溉方法仍然没有惠及贫穷农民，他们因为技术落后而负债累累。富裕的、
31 有权有势的地主往往用购买、借贷或恐吓等手段夺得这些穷人或欠债的农民的土地。贫穷的农民可能沦为雇农，甚至流离失所。

中国政府一直致力于解决这个问题，一方面因为农业为国之根本是其精神职责，同时也有政治经济原因。东汉统治者与西汉统治者一样采取降低赋税政策，精确进行土地登记。农民和地主在某些情况下起义反抗他们遭受的不公正待遇，政府也会处决部分横征暴敛的官员。上百万的农民

① 原文如此。——译者注

放弃人口日益稠密的、被地主控制的北方地区，向长江流域的边陲地带迁徙，并继续向南迁徙，其中部分人执行政府的移民政策。

政府政策中还包括救济措施。东汉政府曾经 24 次向长者、鳏寡、穷人和自然灾害的受灾者发放粮食。和帝（公元 88—105 年在位）统治时期，中国及越南多地农民遭遇干旱、洪水、虫害和饥荒侵袭，政府采取了免除赋税、开仓放粮、借贷等措施。这个时期中国局势相对稳定富庶，灾害并不严重。

和帝之后的数十年间，越来越多的农民陷入贫困，政府已经无力调动足够的资源缓解困难。公元 150 年，黄河流域爆发大规模虫害，洪水泛滥，数以十万计人口逃离家园。公元 155 年，政府下令所有私人所藏粮食全部用于救灾。

中央政府，甚至地方官员已经丧失对大半个中国的统治权，地方门阀控制着越来越多的农民。与此同时，灾难之后心灰意冷的农民依靠家族或宗教信仰秘密结社，期望推翻政府和富裕地主的统治，迎来一个和平平等的新世界。军事领袖和农民秘密社团，如黄巾军，组织的起义不断爆发，加之中央政府统治日益软弱无能，最终导致王朝崩溃。

结 论

在希腊、罗马、中国这样古老的大农业社会，农村人口中多数人遭受不同程度的双重剥削，各地的反应也不尽相同。在地中海地区的希腊和罗马，大的自然灾害不多。这个地区农民面临的主要问题是天气干燥和盐碱地问题，他们通常采取已经掌握的各种方式处理这些问题。在中国，农民无数次地遭遇各种灾难，其严重程度和规模在欧洲前所未见，比如大河流
改道或经年干旱及洪水。后世中国政府创立专门处置紧急状况的机构，执 32
行长期发展计划，雇用上万名劳动力避免再次发生类似灾难。这些措施执行的成功与否是中国政局变化的晴雨表。

尽管地域环境有所差异，政府的应对措施也有所不同，中国和西方的农民同样面临着农村以外权贵的压迫。在雅典和罗马，农民面对有权势的地主，有可能使他们沦为奴隶或者失去土地。其后果是无地农民聚集到市

镇，或者导致奴隶起义，对城市的供给和安全造成威胁。尽管这样的起义能够短暂推翻奴隶制度，但是某些政府首脑认识到采取措施保护农民不受奴役，归还土地更为重要。梭伦、格拉古兄弟及其他人采取的各种措施效果不彰，但是他们至少创立了前所未有的民主制度，顾及到穷人和失地农民的需求。罗马保民官和皇帝励精图治进行土地改革，某种程度的“机构记忆”存在至今。

在中国，政府并没有过多干预地主对农民的剥削。地方官员可能向上级机关报告类似问题，但是具体措施有赖于皇帝的态度，他的态度又受宫廷政治和个人特点的制约，并不取决于人民的政治需要。即便当某位中国领导人决定进行改革时，地主和富人的势力也往往能够颠覆王室的决策，例如王莽改制的失败。因此，中国农民所遭遇的双重剥削与罗马相仿，社会经济改革同样遭遇失败，但是政府在面临严重的自然灾害和饥荒时，采取措施保护农民以及市镇，其范围和频繁程度超过西方。然而在所有地方，大地主和其他地方权贵的势力都逐渐超越农民，并逐渐统治农民。罗马共和国与中国早期政府十分相似，进行了多数农民所期望的土地改革。

延伸阅读

有关古代希腊农业的主要著作，见：Aristotle, *The Politics of Aristotle*, ed. & translated by Ernest Barker（Oxford: Clarendon Press, 1972）; Signe Isager & Jens Eric Skydsgaard, *Ancient Greek Agriculture*（London: Routledge, 1992）; Nino Luraghi & Susan Alcock, eds., *Helots and their Masters in Laconia and Messenia*: *Histories, Ideologies, Structures*（Washington, D.C.:
33 Center for Hellenic Studies, 2003）; Victor Davis Hanson, *The Other Greeks*（Berkeley, CA: University of California Press, 1999）。

罗马农业及相关问题的书目，见：David Stockton, *The Gracchi*（Oxford: Clarendon Press, 1979）; Nathan Rosenstein, *Rome at War: Farms, Families, and Death in the Middle Republic*（Chapel Hill: UNC Press, 2004）; Jairus Banaji, *Agrarian Change in Late Antiquity*（New York: Oxford University

Press 2001）。

古代中国部分，见：Mabel Ping-Hua Lee, *The Economic History of China, with Special Reference to Agriculture*（New York: Columbia University Press, 1921），书中有古代中国典籍节选。优秀的历史研究著作有：Cho-Yun Hsu, *Han Agriculture*（Seattle: University of Washington Press, 1980）; Mark Elvin, *The Pattern of the Chinese Pas*t（Stanford, CA: Stanford University Press, 1973）; Francesca Bray, 'Agriculture', in Joseph Needham, ed., *Science and Civilization in China*, v. 6, pt. 2（Cambridge: Cambridge University Press, 1984）; also Bray 's book *The Rice Economies*（Oxford: Blackwall, 1982）。

第三章

后古典社会的农业

34 后古典时代或者说中世纪时期从公元500年延续至1450年，几乎是1 000年的时间。我们将在本章讨论这个时期最为重大的农业进步，包括：

- 东罗马帝国（拜占庭帝国）漫长的衰微时期；
- 西欧封建领主制度的兴衰；
- 穆斯林将亚洲作物传播到西欧；
- 中国采用集约农业对抗粮食歉收和饥荒。

亚洲作物的引进是全球范围内农产品的第一次交换，影响深远。在拜占庭、欧洲和中国，双重剥削仍然主宰着农民的生活。在这些地区，政府与之前的政权同样面临小农与大地主之间的矛盾冲突，他们都努力解决或掌控这个问题，但收效甚微。

自然环境变迁：中世纪的最佳繁殖期

后古典时期，全球气候从4世纪和5世纪开始缓慢地、间歇性地变暖，称中世纪温暖期或者最佳繁殖期。11—13世纪，温暖期三次达到最佳值，各自跨度为30—40年，在北半球表现最为明显。这个温暖时期几乎导致北大西洋冰盖全部消融，挪威人能够驾驶小木舟到达冰岛、格陵兰岛和文兰岛（北美），建立殖民地。格陵兰岛就是得名自沿海地区冰川消融，出现绿色植物。

气候变暖对农业发展造成较大影响。在欧洲，气温更加稳定，作物生长期延长。证据显示，英格兰南部和中欧高海拔地区出现了葡萄园，这些地区在数个世纪之后已经丧失葡萄种植的条件。这个时期仍然发生干旱、 35
强降雨等自然灾害，但是均不及后来的频率与严重程度。13 世纪，中国农民在北方种植柑橘类水果和其他温带作物，其规模大于其他任何一个世纪。中世纪的温暖期可能也促进中国宋代农业进步，并导致人口增长。部分证据显示，南非、新西兰和北非气候同样温暖，考古证据显示，1100—1200 年间这些地区的人类从事农业生产，但是今天，这些地区已经十分干旱，不适于作物生长。

西 方

5 世纪，西方的发展出现巨大分野。在东欧和地中海地区，罗马帝国跨入拜占庭帝国时期，它承袭了罗马的发展模式和问题。在西欧，日耳曼蛮族人征服罗马，庄园制度和农奴制形成。

拜占庭帝国的农业

在东方，罗马帝国拜占庭部分在西罗马帝国灭亡后继续存在，部分原因就在于其拥有坚实的农业基础。帝国的农田从埃及延伸到叙利亚、安纳托利亚和希腊，生产粮食、橄榄油、牲畜等产品。农民大多是小农，但是帝国、教会和私人领主控制着近一半的农田。君士坦丁堡元老院由 2 000 名大地主组成。这些大地主与政府签署订购合同，部分产量用于救助东罗马帝国主要城市中的穷人，此举延续了公元前 130 年盖乌斯 • 格拉古的政策。

3 世纪罗马帝国的继承权战争大大消耗了农村人口。农民大多将土地转给地主或者逃亡到市镇逃避赋税。保护小土地所有者的法律法规收效甚微。复兴农村的努力成效十分有限，因为 6 世纪、7 世纪的瘟疫导致四分之一人口伤亡，对农业结构造成破坏。瘟疫结束后不久，7 世纪、8 世纪，阿拉伯穆斯林占领中东、埃及以及安纳托利亚南部边境地区。拜占庭领土和人口损失近三分之二，城市衰落，农民仅能维持温饱，经济发展越来越依赖易货贸易。

拜占庭皇帝的应对措施是将帝国划分为军区，称“themes”（*themata*），由民兵防守，政府将他们平均分配到各个地区，固定在帝国和地主的庄园
36 中。步兵获得小块土地，骑兵获得的土地面积较大，他们雇佣雇农或者雇工劳动。这一系列改革促使政府完全复苏，能够发动战争，打击曾经的入侵者；11 世纪，拜占庭获得了更加广袤的土地。

在扩张过程中，帝国与安纳托利亚高原新兴大地主阶级产生矛盾冲突。这些庄园面积广阔，地处边陲，能够抵御阿拉伯人的进攻，但是政府征收赋税也日益困难，并且无法阻止大地主侵吞小农土地。公元 927 年和 963 年，地主从虫害和粮食歉收等导致的饥荒中受益。政府的救济措施不力，许多农民将土地卖给地主，他们大多是军官或政府以及东正教会的官员，农民自己则租种从前拥有的土地。

政府唯恐税收收入减少，削弱军队实力，从公元 934 年开始至该世纪末，通过一系列法令要求所有非法夺取的，或者合法从小农手里获得的土地归还原主人。有一位皇帝甚至发布命令，称穷人只可以从穷人手中购买土地，富人只能购买富人的土地！公元 996 年的一部法令禁止政府官员从小农手中获取土地，命令大地主上缴小农还没有缴纳的税额。部分证据显示，这些法令得以执行：其中一部法令甚至引发一次小规模起义。

从 11 世纪开始，军事失利、国土流失、大地主和商业贵族实力上升等种种因素最终导致这些法令废止。小农将土地分配给自己的子女，往往导致他们将小块土地转让给地主，成为雇农或雇工，这削弱了帝国的财政和军事基础（因为地主掌握的雇农能够逃避兵役）。14 世纪、15 世纪，内战及 1347—1350 年爆发的黑死病给帝国以沉重打击，众多领土落入塞尔维亚人和突厥人之手。地主不停地攫取土地，导致小农人数日益减少。1453 年拜占庭灭亡，原因就是突厥人军事实力增强，地主消灭小农导致帝国军事和财政实力下降。

中世纪欧洲的农业

中世纪早期气候温暖，在向小冰期转变时，西欧中世纪的农业有所发

展。这个时期，农业和经济的变化体现在庄园制度确立、农业新技术出现，自给自足的农业生产发展为专门市场化的粮食生产，从粮食生产转向畜牧业，东欧地区成为粮食产地。这个时期的政治和社会已经从中世纪早期
的蛮族入侵进入到中世纪盛期的稳定局面，农奴制也在这个时期兴起并 37
衰落。这些变化导致农业制度发展到鼎盛时期。

中世纪早期，技术出现进步。6世纪及以后，农民改进铧式犁，犁头后加上一块弯曲的犁板，用于翻土除草。9世纪，欧洲人改进马项圈（欧洲人应该间接地借鉴自中国）和马蹄铁，农民用马代替笨拙力弱的牛。欧洲人也开始学习作物轮作技术。在其初期发展阶段，他们依据地中海的古老传统采取更换作物和休耕的方式，采用二圃制。有些欧洲人开始采取更加高产的三圃制，土地在春秋季节耕种或休耕。

引进采用这些新技术和新方法持续了几个世纪，几百年间中世纪农民对于肥料和作物轮作所知甚少。因此中世纪早期西方粮食产量较低。由于季节变化，舒适的气温被干旱湿冷的气候代替，作物生长遭到破坏。瘟疫和其他疾病在5—6世纪迅速扩散。文献记录显示，粮食歉收及粮食供应危机长期存在。农民为了获取食物放弃自由身份。天主教会努力维持这类农民的自由身份，政治领袖极力平抑粮食价格。在萧条的公元806年，查理曼大帝下令附庸地主以平价出售剩余粮食。

中世纪早期经济完全依赖农村。城市规模和数量减少，特别是欧洲北部。部分地区甚至没有真正的城市，只在贵族城堡周围有规模略大的聚落。在其他地方，比如意大利，9世纪开始，幸存的市镇从蛮族入侵的破坏中复苏，但是这些市镇的经济主要依靠农村。经济衰落的主要原因是中世纪早期的蛮族入侵，欧洲发展迟滞数个世纪。

在蛮族入侵、自然灾害、流行病和饥荒肆虐的过程中，人们逃往遥远的聚落寻求庇护，这里自给自足程度较高，还有武装人员保护。庄园领地或别墅体现出所有类似特征。古老的庄园制度日益进步，这适应加洛林时期北欧和英格兰的发展特点：气候温暖潮湿、土壤肥沃、森林茂密，地方经济中贸易活动有限，物物交换多于货币贸易，地方经济自给自足。中世纪领主将领地分配给契约骑兵，称家臣。根据契约，家臣以兵役换取土地和

农民劳动者，在他们备战和征战时养活自己的家庭。天主教会神职人员和修道院也拥有领地。

庄园制度在欧洲并不普遍：意大利仍然维持古老的大庄园制度，直
38 到20世纪。穆斯林于公元711年征服西班牙，导致其发展落后于北方基督教地区，东欧的发展则更为迟缓。但是，西欧地区的庄园制度以各种方式控制着农村经济，所涉及的人口数量大于其他任何一种制度，直到公元1350年后衰落。

庄园内一般有一座主屋，有数十至上百亩合法土地。部分土地为领地，由领主或地主直接管理。其他土地以各种不同的占有方式由本地人口使用。最初的领地是高度自给自足的机构，不仅生产粮食，也生产纺织品、农具及其他产品。地主通常要求农民生产这些产品。在中世纪早期，领地人口稀少，占有区域不大。耕地面积扩张过快导致外部袭击的危险加大。在比较和平的时期，领地上的农民可能开垦荒地，砍伐森林或者开发湿地。

分配给农民的土地一般称“份地”（manse），通常有几十亩。这个概念源自罗马庄园的隶农。在意大利，隶农这个名词持续使用至中世纪时期。份地分配给自由人或给农奴，是经过几十年时间综合各种情况形成的一种方式。在领地上获得份地的农民承担缴纳劳动所得，完成份地所附带劳动的义务。

份地并非属于农场，应该是农村土地的组成部分。产品的生产单位不是单块份地，而是综合各种农业元素的村庄。因此各个村庄相互合作，有的还制定法规处理各种事务。各个村庄一般将土地分割为耕地，再分割成圃。这减少了土地纠纷：每个人都拥有一块不同类型的耕地。它也是一种保障：没有任何一个家庭的耕地集中在一块土地上，每个家庭都拥有一块不同类型的耕地，因此没有人可能颗粒无收或者大丰收。

农民根据产业管理者提供给村庄的耕种计划耕种土地。简单地说，农民在冬季圃地上种植冬季作物，如果采用三圃制则在春季圃地上种植春季作物，休耕圃地休耕。他们在休耕地上和收获后的耕地上放牧。各个村庄通常都保留部分土地，不用于日常分配，特别是在最贫穷的村庄，这部分土地的用途不一，有的用于居住，有的放牧，有的小块土地给无地的村民

耕种。在英格兰，这些公地后来发挥了巨大作用。

中世纪欧洲众多村庄都定时重新分配耕地，至少是村庄中的部分耕地，以适应家庭规模、劳动能力、畜牧业比例及其他情况的变化。中世纪晚 39
期和近代早期，在许多村庄，租种土地成为固定财产，或者至少成为某个家族世代租种的土地，这个由集体占有向个人占有的转变过程是实现农业现代化的关键一步。村庄作为一级机构以及农民与外人之间的媒介，这个作用一直持续到 20 世纪。

农民是一个复杂的集团。许多人是小土地所有者或“惯性雇农”，一般称“villeins”。各个村落也有性别分工。比如男性一般在村庄耕地上从事大规模农业生产劳动，使用马拉犁，女性管理家庭菜地，纺纱织布或照顾孩子。有些村庄设置一些土地养活寡妇，其他地方此类妇女则依靠教会的救济，但是这些妇女通常都从事一些具有女性特征的熟练工作，比如保姆，以此来换取食物。

多数农民可能曾经是“农奴”，这个名词很难加以界定。他们中有些是被释放的奴隶，仍然承担某些义务；有些是自由人，他们承担农业义务换取保护或者其他奖励。有些人在现代劳役偿债制度形成前接受农奴制度，以获得土地和工具。农奴通常被束缚在他们居住的土地或庄园中。他们不能迁移到其他地方，某种程度上完全服从产业所有者的意志。农奴可以随土地被买卖或单独买卖。这个农奴可能并非该农村大区域的成员，但是他可以拥有房产和家人，被承认是人，这与奴隶不同。

农奴的绝对义务是耕种地主的土地或份地。领主一般“直接”耕种份地，意思是他们在份地上监督农民劳动，或者亲自监督；有的通过下层官员或通过管理人进行管理，这些人通常来自农民。在教会或修道院产业中，所有者将份地分为小的土地单位，称“农庄”，成批的农奴承担粮食生产工作，为自己，也供应机构所需。农奴同样也有义务向领主支付部分产品，通常是自己份地所生产的产品。

农奴所承担的义务一般经过几个世纪农民与领主的冲突后才形成。9 世纪，多数也可能是绝大多数西欧人口都已经沦为农奴，在各个地区占人口总数的 10%—80% 不等。但是在欧洲边缘地带，包括爱尔兰、斯堪的纳维亚半岛和东欧，中世纪时期只有少数农民是农奴。

中世纪盛期就是中世纪温暖气候的鼎盛时期，与 14 世纪相比，夏季更加温暖，冬季更加舒适，降雨更加稀少，气候更加干燥。温暖的气候和稳
40 定的政治局势促进贸易复苏、人口增长。这些进展又反过来刺激农业大发展：可耕地面积扩大，不仅在西欧地区，也在其边境地带。

土地扩大的方式多种多样。在已经建立的村庄和领主庄园，居民将村庄废弃土地和附近未耕土地转变为耕地。文献中记载了为数众多的这类“开垦地”，即新开垦的抛荒地和森林。在荷兰和法国沿海地区，人们抽干沼泽地的水，修建海堤，创造“开拓地”，重新开垦曾经高产肥沃的农田。在东欧，日耳曼入侵者占领波罗的海、波兰、白俄罗斯和俄罗斯西部，并在此定居，这个过程被称为“挺进东方”（Drang nach Osten）。日耳曼人、波兰人和立陶宛人贵族、主教以及统治者招募农民，将他们从农奴制度下解放出来，向他们征收一定年份的赋税，之后减少税收额度，否则他们将冒险离开自己长期居住的家园，在崭新的、未开发的地区开始新生活。有些新移民向地方权贵自荐，但是最终承受更加沉重的义务。天主教和东正教教会首脑致力于将基督徒安置在东部地区，耕种土地并改变宗教信仰。

几乎所有可耕地，甚至偏远地区的土地都已经被开发利用成为可耕地之后，扩张行动仍然在继续。扩张行动在公元 1250—1350 年间达到顶峰，因区域不同有所差别。公元 1300 年，在许多地方时间可能略早，村庄已经十分拥挤，几个家庭通常耕种一块份地。在古老区域和新开发的东部地区，土地扩张导致森林面积减少。13 世纪，人口增长迫使农民迁往偏远地区，这些地方的土地可能无法长期耕种，所产粮食也不足以维持温饱。因为越来越多的农民受到自由的感召迁往东部的新区，因此中心地区的农民也越来越不能忍受自己的农奴身份。

在这个时期，先进的农业生产方式和技术向外传播，其中包括三圃制、金属犁、车轮和铧式犁，以及戴有嚼头的马匹。多数庄园领地修建水动磨坊或风车，帮助扩大粮食产量，将农民从沉重的手工碾磨和手工搓麻劳动中解放出来。

公元1150年，欧洲农业已经与查理曼时期大不相同：大多土地已经有人类居住，沼泽干涸，森林面积减少，葡萄园、良田面积扩大，牲畜数量增加，贸易活动扩展。货币经济发展，道路网络建立，市镇开始成为贸易中心和交通枢纽。区域性农产品专业化生产开始出现，成为中世纪晚期经济分化和专门化的基础。农民扩大耕地和牧场面积，创造了畜牧业生产核心区。他们种植葡萄、亚麻、大麻以及其他经济作物。

经济发展促使社会和政治发生重大变化。最为重要的变化是农奴制 41
日益消亡。12世纪，农奴地位有所提高。领主增加有偿劳动者所承担的义务，自由农民和农奴所承担的义务基本相同。农奴有权向法庭和地方团体提出申诉，他们也越来越被视为“人”。开放新区殖民地，减免义务和赋税的优惠政策对众多农民有很强的吸引力，领主也必须做出同样承诺，保证农民安心留下。农民也开始通过法律程序购买自由。领主一般情况下也会同意，因为价格可以由他确定或通过协商确定。在部分地区，贵族开始使用“家养仆役”（primogeniture），还有的领主将产业分配给子女，造成他们的后代日益穷困，与农民的联系越来越微弱。许多贵族只能控制一个村庄。法国的多数领主几乎一无所有，只有出卖劳动获得报酬，因为他们的土地上只有十分之一是份地，农民耕种其他耕地，以各种方式支付租税。因此农民摆脱奴役的行为也只表现为租赁期略微延长。农民可能宁愿向高利贷者借贷还债，也不愿成为贵族地主的农奴。

贵族也同意用劳动换取租金，因为他们的生活方式和活动花费高昂，比如参加十字军，他们被迫背负高额债务。地主雇用专业人员管理账目，开始取消份地，将其分割租赁或出售。农村因此被多个地主瓜分。这些贵族日益依靠税收支持的政府机构，税收则来源于农民参与市场活动。相对自给自足的领主庄园已经成为过去。教会的农庄制度也在市场管理压力下经历过同样的发展进程。

英格兰的发展道路则不同。诺曼人入侵后，英格兰处在中央政府的严密管理下。12世纪，英国经济迅速发展。粮食产量增加，古老的麻毛产业产量也在提高。英格兰开垦土地、兴修水利设施以及农田扩张的速度快于法兰西，公元1066年英格兰人口数量是公元1248年黑死病时期的三倍。

但是，多数英格兰农民的境况在退步。诺曼人给予附属于他们的领主较大权力控制农民。11 世纪和 12 世纪，由于领主的要求提高，自由雇农人数下降。13 世纪，份地占据英格兰可耕地面积的三分之一，众多领主加强农奴的义务，并要求庄园内的所有农民承担劳动义务。部分英格兰庄园完全实现农奴化，耕地上没有自由人。伊利（Ely）和拉姆齐（Ramsey）两个修道院增加货币支付，以回报劳役，并有所提高。部分地主减轻负担，但是多
42 数情况下，在欧洲大陆大部分地区劳役减少的时候，英格兰仍然在增加。

中世纪晚期，西欧气候极度寒冷，公元 1315—1322 年饥荒爆发。公元 1315 年 5 月的强降雨持续至 8 月，波及整个北欧地区，过多的降雨持续到公元 1318 年，在有些地方持续到公元 1320 年。良田变为水塘，士兵因马匹陷入泥地无法征战。广大地区作物被损毁；公元 1316 年欧洲粮食产量只有平常年份的一半，而且 14 世纪“正常”年份的收成已经无法满足人口需要。我们称其所造成的后果为“大饥荒”，饥饿和疾病致死率上升。王室粮食也出现短缺。公元 1322 年寒冬过后，气温回暖。这场危机是小冰期爆发的前奏。

小冰期第一个阶段始于 14 世纪，直到 16 世纪才出现缓慢回暖迹象。17 世纪，第二次极寒天气出现，之后气温逐渐回升，至公元 1850 年达到最佳值。寒冷潮湿的气候破坏收成，导致饥荒，进而导致人类在之后的几个世纪应对传染病的能力下降。寒冷潮湿气候导致饥荒，之后是公元 1356 年、公元 1361 年和公元 1374 年瘟疫爆发。14 世纪饥荒和瘟疫导致欧洲人口损失三分之二。

然而，14 世纪的历次灾难竟然造成欧洲主要粮食作物价格长期下滑。公元 1315—1318 年饥荒时期粮食价格上涨 10 倍，但是欧洲复苏后，粮食价格随之下降，并且维持在较低水平，主要原因是东欧粮食新产区形成。来自意大利的商人扩大贸易活动范围，与君士坦丁堡和黑海建立贸易关系——这次联系将黑死病带到欧洲，从乌克兰、克里米亚、巴尔干半岛、克里特岛和西西里购买粮食供应意大利和法兰西。波罗的海贸易国家组织——汉萨同盟的商人从波兰和普鲁士大庄园购买粮食出售给斯堪的纳维亚半岛、英格兰和尼德兰市场。运输来的粮食涌入欧洲，导致价格下滑。

多数欧洲农民接受欧洲经济发生的这些变化，转而生产利润更加丰厚的作物，形成延续至今的粮食专业化生产区域。比如，在地中海沿岸及莱茵河和摩泽尔（Moselle）河沿岸，农民增加葡萄产量，城市附近的农民则专门种植蔬菜、水果和其他经济价值较高的作物。其他地区专门种植供纺织用的植物。地主和农民将大量抛荒地和废弃村庄转变为牧场。地主人工开挖的数千个鱼塘为规模最小的专业化产业，人工养殖的鱼类供应西欧市场。欧洲人特别青睐绵羊，14 世纪、15 世纪达到上千万只。至公元 43
1300 年左右，英格兰毛皮已经成为公认的高品质产品，英格兰人向尼德兰和意大利的纺织商人供应产品。

14 世纪，英格兰开始囤积毛皮用于自身的纺织工业，意大利和尼德兰转向西班牙寻求新的原材料产地，在这里，基督教王国已经推翻伊斯兰国家。欧洲人的需求促使西班牙人回归农村，在广阔的草场饲养美利奴羊，这种羊的毛皮质量极高。不久前（公元 1273 年）养羊业者已经组成一个协会，称“梅斯塔”（*Mesta*）。为了支持日益增长的羊毛出口活动，政府增强梅斯塔养羊业者组织的特权，限制农民破坏饲养者的季节性迁徙路线，禁止他们因绵羊破坏耕地而为难梅斯塔组织。西班牙与欧洲其他地方一样成为粮食进口国。存在至公元 1836 年的梅斯塔组织阻碍了西班牙经济的发展。意大利南部同样发展养羊业，同样形成一个养羊业者组织，称“多伽纳”（*Dogana*）。中世纪晚期，意大利农业转向畜牧业，与其他农业制度相比，这个模式在欧洲是一种极为特殊的农业生产方式，在后来的美洲和澳大利亚也是如此。

饥荒和瘟疫、市场的复苏以及农民自身的努力促使教俗领主给予农民更多的权利和自由，这导致庄园制度和农奴制度衰落，甚至消失。13 世纪以来，他们所拥有的产业规模和权利每况愈下。管理庄园产业的成本提高，领主开始负债，愈加依赖雇农管理。他们不得不增加其他义务，并制定“禁令”以取得补偿。禁令规定庄园内的农民必须在领主的磨坊内粉碎粮食，在领主的烤炉内烘烤面包等等，借此收取费用。领主还向一些日常活动收费，比如儿子继承父亲财产费（*heriot*），农民之子结婚费（*merchet*）。这些盘剥手段后来被法兰西人称为“付税使用”（“*banalités*”），是法国大革命废除奴隶制前最后一丝残余。

从黑死病中幸存下来的农民利用劳动力短缺之机获得丰厚的劳动报酬和土地占有权。领主面临低粮价高工资的问题，不时企图恢复农奴义务。英国议会成员大多为封建领主，他们在黑死病期间通过劳动者法令，规定工资水平必须维持公元1346年的标准。但是农民已经能够为自己做主，许多领主已经不情愿地将份地转让给他们。最终这些租借地转变为管理花费支付给农民，许多领主收入得以提高；但是这也消灭了英格兰的农奴制和庄园制度。

然而，在其他地方，领主努力恢复农奴义务，政府的赋税要求逼迫农民起义反抗，往往造成巨大破坏。公元1358年，在法国北部的亚基里
44 (Jacquerie)，农民摧毁150多个贵族城堡和家园，数百名贵族及其家庭成员被迫害致死，贵族和王室军队进行了残酷的打击报复。在加泰罗尼亚，最后一批“农奴”(Remensas)发动内战，从公元1462年持续至公元1486年，阿拉贡的费迪南德二世国王最终解放他们。具有讽刺意味的是，释放加泰罗尼亚农奴的这位统治者又是签署命令同意哥伦布开辟新世界的人，这次行动确立了一个更加严酷的制度。

伊斯兰：帝国和农业

穆斯林帝国从阿拉伯半岛西南部的市镇希贾兹开始军事宗教扩张运动，也将各种作物和牲畜带到亚洲和非洲，这是世界历史上最为重要的农业进步。

7世纪、8世纪，穆罕默德的继承者将穆斯林的控制或影响扩展到从西班牙到北非、从中东到中亚和印度河流域的广阔区域。众多政策中包含着农业元素。非穆斯林农民必须支付穆斯林征收的“吉兹亚”(*jizya*)保护税或者纳贡以换回自己的土地。在扩张过程中，穆罕默德的继承者们坚持将阿拉伯士兵和移民与所征服地区的居民隔离，部分原因是避免对行之有效的农业制度造成破坏。但是，如果土地所有者拒绝皈依伊斯兰教，阿拉伯人将夺取其土地。

公元660—750年的倭马亚哈里发国家以及公元750—1258年的阿拔斯哈里发国家恢复改进业已存在的农业税收和管理制度。倭马亚人战胜萨珊波斯王国，但是保留了萨珊人的土地税和关税，并且增收农村人口税，导致农民起义。7世纪晚期，众多阿拉伯人已经融入被征服地区，他们学习波斯语，成为地主或农民。他们从属于地方官员——其中有些是波斯人，与当地人口一样缴纳高额赋税。公元735年，定居的阿拉伯人也开始反抗倭马亚哈里发，成为取而代之的阿拔斯哈里发的支持者。

阿拔斯人延续从前的赋税制度，但是开始的时候相对宽松。他们采用中央集权的官僚体制，由行省“行政长官”（*diwani*）或财政大臣、地方行政长官以及地方官员执行。地方政府负责确定耕地面积和人口数量。中央政府利用这些数据确定赋税指标，由地方政府负责征收。阿拔斯哈里发国家早期发展时期，农民是自由的私有土地所有者。

这个新兴帝国支持人员、商品流动和观念的传播，倡导人口增长政
策，农产品市场扩大。阿拉伯农民需要满足居民对于多种作物的需求，有
些是地中海地区的新作物，还有些刚刚引进：甘蔗、高粱、硬质小麦、亚洲 45
稻米、柑橘、柠檬、香蕉、椰子、茄子、洋蓟、芹菜、西瓜等作物，用于食品、纤
维、药品、化妆、纺织、木材生产等不同产业。这些作物来自亚洲南部和东
南部以及非洲。阿拉伯人是最为积极的中间人：他们认识这些植物，学习
种植，并且在整个区域内推广。

这些作物的引进和传播带来重大进步。所有作物都需要充足的水量供应。穆斯林帝国占有的土地十分干旱，大多没有充分的灌溉设施。8世纪开始，许多农民和官员着手改进业已存在的灌溉网络，兴建新设施，引进新方法，其中包括水车、沙杜夫（一根木杆顶端安装一个挂桶）和地下运河坎儿井，能够有效地减少地表水流动造成的水汽蒸发。

这些作物也改变了土地的用途。近东、埃及和地中海历史上，农民主要种植喜冬的粮食作物和豆类，秋季播种春季收获，春季作物种类十分稀少。但是阿拉伯人的农业地区几乎接近赤道，气温均衡，气候状况与欧洲相比更加稳定。随着灌溉技术的传播，新作物出现，农民全年都可以耕种。像芹菜和茄子等作物一年可以收获四次；其他生长期较长的作物可以采

取轮作方式，比如稻、小麦、高粱和豆类。阿拉伯农民并未采用休耕，但是大规模采用适宜于多季作物的轮作方法。他们对于土壤的认识比之前的农民更加充分成熟，能够熟练使用灌溉设施，因此他们能够在几乎所有类型的土地上耕作。

这个时期，阿拉伯人的土地是私有财产。他们生活在村庄中，但是并无欧洲那样的公共限制，没有要求村民在一个时期耕种同一种作物。阿拉伯农民也参与高度发达的市场经济，参加货币贸易，而非易货贸易。富裕的地主和农民有资金用于投资和租赁，这有助于一些周期较长的产业发展，比如排水设施和园艺业。阿拉伯统治者也征收赋税，但是额度较低，农民通常能够规避这些赋税。这个发展阶段，阿拉伯农业受到的限制较少，适于发展，市场开放程度也高于欧洲中世纪早期。

阿拉伯人的扩张有赖于穆斯林区域人口大幅增长。这个农业中心支撑着世界上多座大城市，包括巴格达，这里居住的人口已经超过 100 万人。农村人口也日益稠密，有些地方，比如底格里斯河沿岸，增长的人口甚至占据了耕地。

阿拉伯作物和农业技术伴随着这个时期哈里发的政治统一行动广泛传播，另外一个原因是阿拉伯人乐于旅行。需求提高刺激着农民种植更多
46 新作物。农民种植的作物种类越来越多，各个社会阶层的需求量都很大，特别是棉花种植之后。农民和富裕地主也生产市场所需作物，特别是果树，比如橘子和柠檬。

阿拉伯农业在地中海地区最终衰落。部分原因是土地过度使用，灌溉设施过度使用。土地盐碱化日益严重，最终被废弃。农民转向边缘地区耕种贫瘠的土地。战争和侵略活动阻断了正常的贸易和货币流动渠道。农业制度也受累于其高度的成功。农业人口增长过快，农民不得不在偏远危险的地方定居，贸易不畅，也容易遭遇袭击。10 世纪时，众多人口居住地似乎已经从文献记录中消失。

外来入侵也会破坏农业生产。在西班牙和地中海地区，西欧入侵者摧毁穆斯林统治，驱逐众多穆斯林人口，他们耕种众多作物的知识技能也被带走。后来的统治者不得不征募外国人恢复西西里的蔗糖产业。

衰落的部分原因还来自内部。阿拔斯帝国衰落后，地方权贵攫取权力，实行苛政重税。越来越多的农民受债务拖累依附当地地主，这些地主具有贵族的众多特征，农民受到的奴役越来越深重。各种类型的大地主产业形成，比如“瓦克夫”（*waqf*）就是一种资助学校或清真寺之类的慈善机构的土地。该土地的出产物用于资助该机构。这类机构的新主人缺乏管理经验，但是仍然希望维持较好的收入水平。他们雇用管理人管理土地上的农业人口，从中获利。这些机构广泛分布在埃及和奥斯曼帝国，遏制了农业的发展和创新。

9 世纪，阿拔斯帝国已经十分衰微，部分原因是它向士兵和官员征收“农业税”（或称“*iqtas*”）。给予军官及其他官员的军事俸禄和赏赐与苛捐杂税交杂在一起。这些农业税承担者倚仗权势，哄骗农民将手中的土地转给他们。这个过程被称为“*taljia*”，意为“举荐”；或“*himaya*”，意为“保护”。穆斯林官员聚集众多此类依附农民，逃脱税赋，抵制并削弱了阿拔斯国家的势力。私人所有的土地（*milk*）越来越稀少。

这些冲突严重打击着中东经济。两河流域的灌溉系统破坏严重，人口逐渐减少。农业税等苛捐杂税将农民的生产积极性消耗殆尽。20 世纪，伊拉克已经从中东最富裕地区变为最贫穷地区。尽管哈里发仍然是名义上的统治者，但是各个行省已经实际上控制在各股控制农民的势力手中。 47
他们中有的仍然坚持剥削性的农业税制度，有些，比如塞尔柱突厥人，扩建灌溉系统，努力恢复农业，直到公元 1258 年蒙古人入侵。

欧洲十字军入侵也造成穆斯林农业倒退。这些地方的穆斯林人口被驱逐或逃离。他们所拥有的土地权利被削弱。欧洲人使用自己的耕作方式耕种从前的穆斯林土地，但是对于土地环境和土壤造成的破坏有限。

新大陆的发现以及西方人的帝国扩张削弱了阿拉伯农业的重要地位。西欧商人在新大陆种植从前穆斯林耕种的作物，以低价出售给欧洲和穆斯林国家，穆斯林农民无力与之抗衡。17 世纪开始，穆斯林地区这类作物产量下降，主要依靠欧洲进口。这种因进口而摧毁本土生产者的情形在 19 世纪和 20 世纪再次发生。

在部分欧洲人征服的阿拉伯区域，欧洲人用欧洲体制取代阿拉伯农业传统。一个典型是“西班牙光复运动”，这场战争断断续续持续了200多年，最终结束于公元1492年欧洲人占领格拉纳达。新西班牙统治者费迪南德和伊莎贝拉致力于在王国内消除所有伊斯兰国家和其他外国影响，公元1492年驱逐犹太人，公元1501年驱逐穆斯林。公元1605年，他们还利用天主教司法机构和其他“调查行动”寻找和驱逐摩里斯科人（Moriscos），他们是号称基督徒的穆斯林。他们也因此将多数掌握亚洲作物耕种技术者驱逐出西班牙。一代人和两代人后，欧洲人认识到他们需要这些作物，他们必须重新引进曾经被他们驱逐的阿拉伯农民及农业技术。

中国：危机和变革

在中国隋唐宋时期，农业发挥着核心作用。农业危机、起义以及复苏是帝国兴衰的主要因素，有时甚至是决定性因素。自然灾害、粮食歉收以及供应紧张考验着中国统治者的资源储备和应对能力。宋朝（公元960—1279年）因此引进了多个速成稻品种。北方入侵及农业危机导致众多农民迁往长江以南耕种肥沃的土地。宋朝时，中国多数人口生活在南方。

汉朝统治之后，中国分裂为多个政权，它们努力解决汉朝遗留下来的各种政治和农业问题，但是收效甚微。其中一个政权——西魏——的统治
48 者招募农民重建军队，这些农民的供给由各自家族劳动力负担。这种“屯兵”制度在中国政府断断续续地沿用至18世纪。能够装备的军队数量为20万人。隋朝（公元581—618年）皇帝开始削弱大地主的势力，扩大屯田规模，将土地重新分配给农民。

隋朝奉行侵略和军国主义政策，强迫几百万农民修建大运河，修缮长城。农业和供应紧张问题长期存在，隋朝开国皇帝恢复常平仓制度。根据这个制度，政府在丰年低价从农民手中收购剩余粮食，在灾年发放粮食平抑粮价，资助困厄之人。但是这个王朝最终被推翻，部分原因是皇帝奢靡无度，饿殍遍野。

唐朝（公元618—907年）努力从隋朝制造的灾难中复兴。新任唐朝皇帝通过政府控制使用土地，禁止土地买卖，推行均田制的土地分配制

度——这种制度建立在古老的均田制基础上。但是，在该王朝第二任皇帝统治时，政府开始收到地方官员报告，称富人“蚕食”穷人土地，无视禁止买卖土地的禁令。之后历任皇帝多次发布命令，将非法购买的土地归还农民，甚至拨款给地方官员从大地主手中购买土地。但是，屡次发布这类法令也说明这类问题一直存在。

均田制最终失败，因为其推行不易，而且不适用于长江流域稻米耕作区。稻米耕作需要长期耕作，但是均田制的基础却是重新分配土地。唐朝由于干旱、洪水、虫害等导致的粮食歉收仍然不时爆发，导致严重的饥荒。与隋朝一样，唐政府也建立常平仓制度，以缓解饥荒。

军事发展也对唐朝农业产生影响。屯田并不普遍，众多中国人逃避入伍，逃离家园，因此政府于公元 749 年废除这项制度。这使大地主失去扩张土地的最后一丝希望，也导致中国政府必须依靠地方军队保卫边疆。8 世纪 50 年代初期，地方节度使安禄山利用连年自然灾害和饥荒组织叛乱。这次叛乱持续八年（公元 756—763 年），政府因应付叛乱而无力解决饥荒问题，这些最终导致 3 000 多万人死亡，占全国人口的一半有余。镇压叛乱后，政府推行复兴农业政策。大批士兵被安置在农田上，禁止富人和富农扩展土地、控制水源，给小农分配种子和粮食。

农业经济复苏，但是富人侵吞穷苦农民土地的现象再次发生。政府 49
实行赋税改革，但是并没有真正解决问题。富人继续合法和非法地侵占土地，穷人失地现象日益严重。9 世纪末期，中央的势力下降，地方势力在镇压饥民起义过程中上升。10 世纪早期，唐朝衰亡，之后又是一个短暂的小朝廷林立时期，相关资料十分稀少。

重新统一中国的宋朝（公元 960—1279 年）在农业发展史上具有十分重要的地位，它是第一个支持“绿色革命”的政府。宋朝第一任皇帝统治时期，在几十年的环境危机和唐末军事冲突之后，中国农业陷入衰落混乱。人口和生产力下降，农村土地大量荒废，农民为了逃避赋税、躲避战争大量逃亡。新政府开始采用常规政策恢复农业。采取屯兵、发放赈灾粮食和种子、制定农业生产指南等措施，并尝试一系列行政体制和土地改革，减免赋税，鼓励生产。在宋朝第三、第四任皇帝统治时期，情况有所好转，但是贫富差距再次加大：大地主逃避赋税、生活奢靡，农民负担过重。农民面临土壤肥力枯竭，产量下降的问题，众多省份的大量土地仍然处于抛荒状态。

公元1011年，干旱对长江下游和淮河流域部分地区的稻米生产造成破坏。公元1012年宋真宗（公元997—1022年在位）下令将种子运往干旱地区，这是从前政府曾经采用的措施。但是这次他发放的种子来自福建省（位于中国东南沿海地区），是占城（今越南）稻米的一个品种。这种稻米的生产周期是100天，而不是当时使用的其他品种所需的150天。占城稻抗旱能力也较强。其快速生长的特点以及同时适应水田和旱田耕种的能力——与小麦相同——帮助农民一年内在同一块土地上可以收获两次。占城稻的引进刺激了中国农民和官员的农业生产积极性，在之后数年时间里，他们努力寻找生产周期更短的作物。这些种类的作物可能比单季作物的产量低，但是两次收获仍然大大提高了农业产量。

这些新品种极大地提高了粮食产量，但是其传播速度仍然缓慢。政府向农民发放种植指南，鼓励生产。13世纪蒙古人入侵前，农民仅在长江下游四个水稻生产中心区种植这些作物。直到明清时期才开始大面积耕种。

50 贫困问题仍然存在，对农业生产造成阻碍。新品种引进并没有产生立竿见影的效果。严重的粮食歉收和饥荒不时发生。宋仁宗（公元1022—1063年在位）时期，饥荒爆发，由于政府要满足军队所需，无力赈灾。官方统计表明一半人口在饥荒中死亡。农民的贫困遏制了新品种的传播和种植。农民也缺乏增加土壤肥力、清除杂草的方法和资源。仁宗皇帝减免新垦区农民赋税，限制土地占有，实施“方田均税法”以避免重复征税。但是，这些措施并未奏效，它没有挡住大土地占有的势头，方田均税法没有发挥作用，贫穷的农民需要政府更多的帮助。

11世纪，环境不同、经济状况不同的各个省份开始出现某种程度的农奴制度。宋朝法律禁止地主将农民绑缚在土地上，将他们变为农奴，但是许多地主对这些法律视而不见。尽管宋朝中国并不实行“封建庄园”经济，但是在相当一部分省份，存在大地主占有现象。其中部分比较稳固的地主庄园与欧洲中世纪类似，存在管理枢纽。另外还有一些分散的小土地占有者，他们无力管理产业，只能收取租税。雇农种类众多，依附程度不一。

其中租户的地位最高，他们对抗地主的法律权利。佃农比较类似农奴，没有多少权利，通常处于从属的依附地位。农奴可以是雇佣劳动者，但是大多是依附民，他们在一定时间内——从一天到数年——丧失自由人（良民）身份，在偿还债务或获取报酬或粮食的这段时期内，他是契约劳动者。在中国内陆地区，奴隶数量有限，大多为非汉族人口。

各种被剥削者集团的总人数可能从来没有达到总人口的一半，但是在某些中心省份的数量要远远多于东部某些以商业为主的省份。在剥削关系比较明显的地方，雇农甚至佃农的工作环境也通常接近于农奴。他们不能离开工作的土地，而且如果地主出售该块土地，他们也将同时被出售。这些雇农必须支付租税，为地主承担某些强制劳动，并且需要支付一些费用，比如儿子的结婚费。在中国内陆南部的湖南和湖北，在福建的大部分地区，这种依附关系占据主要地位。中国法律也在司法上赋予佃农和雇农不平等地位，有时还包括雇农，对于他们的惩罚比自由人，特别是地主更加严厉。

其他地方依附农民很少，甚至不存在。在长江三角洲商业高度发达 51
的地区，大土地占有现象较少，农业土地的投资吸引力不及城市土地。这些地区小土地占有现象比较普遍，产品供应市镇中的大市场。拥有大地产的地主脱离土地，由雇农自行管理农业生产。这些地区的土地价格经常发生变动，地主并不希望将雇农绑缚在土地上。这些地区的租户数量不多，但是雇农很多，在湖南，租户的劳动自觉性高于雇农。他们承担部分义务，其法律身份也具有高度依附性。

这些是宋朝长期面临的荒地问题，以及大地主与广大贫苦农民之间财富不均问题在社会生活中的体现。农民辛苦劳作，所得收成甚至不足以支付赋税、租税和食品需求，但是大地主的土地上却往往可以丰收，因为他们的作物种植密度不大。大地主利用自身的地方势力规避赋税，穷苦的农民却必须缴纳欠税及其他种种捐税。这种状况又反过来减少政府税收，导致供应紧张。

为了解决这些问题，11 世纪 70 年代，大臣王安石进行重大改革：其中包括租赁土地给农民，保证他们不受贪婪的高利贷者盘剥，包括制定物价政策等。但是改革并未取得理想效果。无论是承担租赁工作的官府，还是接受土地的农民都没有能够完全理解这些举措的重要意义。官府将土地租赁给农民，但是他们甚至无从支付任何一点利息。贫穷的农民无法支付，政府要求富裕的邻居为他们垫付，通常是要求邻居出卖自己的主要财产。

在改革中期，公元1074年又一次饥荒爆发，农民被迫逃离土地躲避债台高筑的债务，寻求活路。朝廷内，王安石的对手用一个年迈的官员取代他，改革随即半途而废。由于饥荒造成的死亡人数不断上升，这位官员认为现行政策无一能够解决农民与地主之间的矛盾，因此采取“观望”策略。

在接下来的几十年时间以及南宋时期，中国统治者沿用各种传统方式提高农业产量：改善灌溉系统、重新规划土地、重新采用或废除王安石的租赁制度、收回土地、屯兵开荒。粮食歉收和饥荒时有发生，但是所需救济已经超过府库的承受力。在该王朝统治的最后一个世纪，历代皇帝用尽各种办法恢复农业生产。12世纪末期，宋孝宗罢免收成不好省份的官员，采用租借种子、兴建水利设施、减免赋税等措施。但是农民仍然抛弃土地，
52 税收收入仍然下滑。宋理宗（公元1224—1264年在位）下令完全废除大土地占有，由政府购买，但是仍然以失败告终，因为各级官员大多用已经贬值的纸币支付低于市场的价格，导致众多原来富裕的大地主破产。公元1280年，宋朝政府府库空虚，起义频发，盗匪猖獗，已经无力抵御蒙古人的入侵。

后古典时期奴隶、自由和农业发展

罗马帝国和汉帝国衰落后的一千年时间里，农民遭受的双重剥削经历了十分复杂的变化过程。这个时期农民和大地主之间不断爆发自治与供应冲突。大地主努力维持和扩大土地占有，维持对农民收入的限制，但是遭遇到农民和部分政府的抵制。拜占庭和中国皇帝或下级官员努力遏制大土地占有现象，甚至还地于小农。这些政府还尝试通过屯兵政策取代地主，比如中国的屯兵制和拜占庭的军区制，但是收效有限。所有这些都表明政府和农民都在努力维持农民的社会经济地位。

这个时期，欧洲经历了经济下滑，政治分裂和蛮族入侵。众多农民出于安全考虑沦为农奴。蛮族入侵停止后，农业经济向偏远地区扩展，大批人口耕种边疆土地，但是货币经济和城市兴起，需求出现分化。腐朽和脆弱的庄园制度严重桎梏农业的基本发展。14 世纪的一系列危机给农民提供机遇，迫使地主和政府开始关注他们的部分利益。

但是，这个时期的欧洲政府并没有像拜占庭和中国政府那样采取有效措施遏制农民成为地主附庸的趋势。贵族政府中多数人将农民视为危险分子。农民只能获得部分自治，多数情况下通过艰难的经济谈判、政治斗争，甚至起义获得解放。只是到了 18 世纪启蒙运动时期，欧洲经历思想文化的重大飞跃，政府才被迫解放多数农民。

在后古典时期，环境因素在农业和农民生活中发挥重要的，甚至是决定性的作用。中国和拜占庭都经历了连年灾害，粮食收成遭受损失，出现饥荒。欧洲的状况在开始时比较理想，但是最后在小冰期时发生持续数个世纪的大规模农业和人口灾难。

为了应对环境灾难，后古典时代的一千年时间里，尽管农业发展缓 53
慢，不过仍然有所进步。阿拉伯穆斯林建立的横跨西班牙和印度的帝国有助于亚洲和非洲的各类作物在帝国范围内传播。欧洲人引进众多作物，促使后来数个世纪间大庄园经济形成。中国宋朝统治者开启了引进越南速生稻的农业集约化进程。据此形成的各类稻米产地促进了中国人口、经济和帝国的发展。宋朝致力于提高种子质量，被称为“绿色革命”，应该说是历史上第一次通过技术“手段”帮助农民抵抗自然灾害的尝试。

伊斯兰帝国的领土扩张和贸易活动将东西方农业联系在一起，但是欧洲与亚洲农业仍然迥异：中国和亚洲主要地区重视集约农业和作物生产，欧洲更加强调大面积耕作和畜牧业。欧洲的做法导致该地区更加依赖粮食贸易。甚至在大庄园领地中，区域专门化和贸易活动成为农业的特征，比如拜占庭帝国定期从埃及进口粮食，比如中国依赖长江流域生产的稻米，经大运河运输到北方。欧洲的区域专门化以及依赖东方粮食进口的特征可能导致近现代更加广泛的粮食生产全球化。

延伸阅读

关于中世纪欧洲，见：Renée Doehaerd, *The Early Middle Ages in the West*（Amsterdam: North Holland Publishing Company, 1978）; Georges Duby, *Rural Economy and Country Life in the Medieval West*（Chapel Hill, NC: University of North Carolina Press, 1968）; Warren Treadgold, *A History of the Byzantine State and Society*（Stanford, CA: Stanford University Press, 1997）。

关于阿拉伯农业的经典阐述，参见：Andrew M. Watson, *Agricultural Innovation in the Early Islamic World: The Diffusion of Crops and Farming Techniques, 700–1100*（Cambridge: Cambridge University Press, 1983）。

有关中国的参考书目见上一章，另外还可参考：Joseph McDermott, "Charting Blank Spaces and Dispute Regions: The Problem of Sung Land Tenure," *Journal of Asian Studies* 44（1）（1984）, pp. 13–41。

第四章

前近代的农业及欧洲农业统治（1500—1800 年）

15—18 世纪，世界多数地方农民的生存环境较之前的几个世纪更加恶 54
化。小冰期导致气候严寒，其间夹杂着比较温暖的阶段。环境因素导致危机不断发生，特别是在北半球：凉爽的夏季、寒冷的冬季、严重的粮食歉收和饥荒。

农民仍然生活在不同类型的奴役制度下。其中部分制度慢慢渗透，不知不觉间自由农民沦为依附民。在南亚的穆斯林帝国、奥斯曼帝国和莫卧儿帝国，原来的自由农民受制于不断上升的各地地主势力。在东亚，政府行为与市场势力相结合大大减少了农奴人数。在中国和日本，小农、小土地所有者以及雇农在该区域经济繁荣发展过程中蓬勃兴起，但是也在政治冲突和自然灾害中受尽苦难。

与亚洲相比，欧洲有意识地维持或创建严格的奴役制度。在东欧，农民处于新型的更加严格的制度统治下，通常称“二次农奴制”。在西欧，农奴制衰落，仅在部分地区零星存在，但是大多数农民仍然在各种传统势力、新兴贵族权力以及政府不断加强的权力的束缚下。西欧探险者、商人和帝国主义政治家创造出“大庄园经济体”用于管理被征服的美洲地区，奴役非洲人和印度人从事大规模奢侈品生产。

小冰期

小冰期造成的长期寒冷气候从 14 世纪持续到 19 世纪。表现形式不一，但是冷热交替循环。在寒冷期，比如公元 1680—1730 年，世界范围内冰层向低纬度地区扩散，极端天气引发众多问题。15 世纪，气温下降导致
55 英格兰葡萄绝收，酿酒业一蹶不振。16 世纪 90 年代，寒冷气候造成英格兰粮食歉收、物价提高、粮食短缺，爆发粮食暴动。公元 1709 年极端寒冷的冬季，河道结冰，导致法国政府给多个省份用于救济饥荒灾民的粮食无法运输。同样的危机在这些世纪里不断爆发。17 世纪中国极端寒冷的气候摧毁了江西最后一片橘林。

小冰期出现的原因包括太阳黑子运动、湾流下降以及频繁的大规模火山喷发。公元 1600 年，秘鲁南部瓦伊纳普提纳（Huaynaputina）火山喷发，堪比公元 1884 年喀拉喀托（Krakatau）火山爆发的威力。公元 1600 年及以后，瓦伊纳普提纳火山灰仍然在从格陵兰岛到南极的冰层核心存在，导致公元 1601 年及之后数年出现几个世纪甚至千年以来温度最低的夏季，范围波及整个北半球。这种气候导致粮食歉收和饥荒，比如公元 1601—1604 年俄罗斯爆发的饥荒。科学研究证明，尽管小冰期对北半球的影响大于南半球，但是影响仍然遍及全球。

小冰期造成的环境问题已经无法保障人类生活所需。欧洲粮食歉收和饥荒引发骚乱，民众爆发抵制税赋和地方及中央权力的暴动。中国、日本及其他东亚国家遭遇历史上最严重的干旱，导致起义及其他政治危机爆发。极端天气、气候变化以及因此发生的粮食歉收迫使政府降低赋税、削减军队供应、支持地方统治者的抵制行动。政府农业政策的目标是降低农民抵抗的风险，以避免或防止食品危机。

亚洲农业：奴隶制度的兴衰

15—18 世纪的亚洲农业社会受两个主要文化经济圈影响：南亚和中亚的伊斯兰帝国和东亚的中华文化圈。两个文化圈都存在各种形式的农民和地主。这个时期开始时，伊斯兰文化圈继承了各种粮食作物和私有小农制度。在中华文化圈，政府将农民视为经济基础，但是当政府势力衰微时，地主拥有强大实力强迫农民依附国家。

伊斯兰帝国的农业：奥斯曼农业制度

13—15 世纪，在安纳托利亚地区，奥斯曼帝国依靠西帕希骑兵
（sipahis）以及一支“新型”的步兵或称“禁卫军”（janissaries）——征募自
被征服人口——创建。奥斯曼人在安纳托利亚地区为西帕希骑兵分配土
地，称“提马尔”（timar），但是极力将他们固定在战场上，并且将提马尔在 56
接受者之间循环，避免来自他们的军事威胁。

在所有征服地区，奥斯曼人都努力打击地主，支持农民。比如 15 世纪早期，他们利用塞尔维亚贵族与农奴爆发冲突之机入侵巴尔干半岛。奥斯曼人攫取领地，废除贵族，或者将他们并入奥斯曼贵族，废除农奴制，只要求他们缴纳相对较低的“犁耕税”。

奥斯曼人宣布所有土地属于苏丹，由他将土地转让给政府。奥斯曼法律强调农民只要按时耕种土地，所有权就不会被剥夺，并且可以留传给子女。帝国还允许各种类型的农耕方式存在。埃及农民生活在联合村庄中，以村庄，而不是以个人为单位缴纳贡赋，在南方甚至还每年重新分割土地保证分配公平。这种方式一直沿用至 19 世纪埃及新政府将农村私有化为止。

奥斯曼帝国在 16 世纪达到发展顶峰，之后开始缓慢衰落。在农业领域，这个缓慢的衰落过程表现为赋税逐渐上升，地方贵族势力上升。16—18 世纪，帝国人口成倍增加，但是耕地数量仅增加 20%。这又导致农村拥挤不堪，市镇失业率居高不下，粮食短缺。政府提高赋税保证频繁的战争需要以及法庭费用。赋税和农村人口增加迫使农民向当地高利贷者借贷，或者从农村逃往城市。

财政负担也降临在地方土地所有者、提马尔持有者西帕希骑兵、赋税农民和政府派往各个省份征收赋税的其他官员身上。这些官员往往非法征收赋税，迫使农民服劳役。在有些情况下，农民向奥斯曼宫廷投诉官员，但是多数农民只是一逃了之。如果一个提马尔持有者或另外一个地主能够寻找到逃离的农民，他们有权通过法庭强迫农民回归他们的提马尔土地。

17 世纪，奥斯曼帝国领袖努力维持帝国自给自足，禁止出口，但是商

人们的走私行动相对容易。这种私自交易的行为提高了土地价格，众多禁卫军、贪腐官员和提马尔持有者需要拥有更多土地才能够从中获得利润。这些新兴地主称“乡绅”（ayans），他们大多在逃往市镇的农民废弃的土地上建立自己的产业。众多乡绅招募逃跑农民在这些产业上劳动，或者在中东奴隶市场购买奴隶从事劳动。乡绅日益脱离国家控制，建立私人小型禁
57 卫军部队。众多农民的下场是成为某种形式的农奴，包括强制劳动、征用粮食、牲畜和钱财，讽刺的是，奥斯曼帝国在征服过程中曾经解放他们。

有些农民不接受被剥削的现实，与原来的士兵汇合组成流民。奥斯曼领袖期望通过减少税收缓解这种局势，但是又在发动战争时大幅度提高税收。这再次导致农民逃往市镇，导致聚众闹事、粮食暴动和叛乱暴动。土地冲突、农民权利以及农业税可能是16世纪奥斯曼衰落的重要原因。

南亚和莫卧儿时期的农业

莫卧儿帝国统治之前，南亚地区只有两个重要的统一时期：孔雀帝国（约公元前322—前185年）和笈多帝国（约公元320—550年）时期。其他各个时期，南亚地区都处于众多分裂的、短暂的王朝统治下。这些时期的留存资料不多，但仍然能够说明早期南亚农村社会存在农民和地主，但是他们的身份和相互关系具有南亚社会种姓制度的特征，根据这个制度，每个人出生时就已经属于确定的社会和血缘集团，他或她的地位身份据此确定。有些情况下，最低种姓首陀罗或种姓外的“不可接触人”为最高种姓婆罗门工作。印度教神庙与欧洲修道院一样，有些拥有大产业。农民必须支付一定数额的赋税。

莫卧儿帝国在阿克巴（公元1556—1605年在位）统治时期开始真正成为稳定国家，这是第一个有丰富资料留存的印度国家。阿克巴采纳他的财政顾问托多尔·马尔的建议，根据印度主要区域至各地10年的平均产量确立新的税收制度。这个时期印度进行的这类统计工作是一个巨大进步。该制度征收三分之一的粮食产量，其他作物比例高一些，但是在多数年份，农民大多能够生产出足够的甚至更多的粮食维持温饱。

莫卧儿帝国时期的印度与奥斯曼帝国一样，苏丹是全国土地的真正

所有者，但是农民可以买卖继承土地，在一般情况下他们不会失去土地。19世纪更加广泛的土地占有形式调查显示，几乎没有哪个地方的农民或耕作者以共同或者集体占有的方式占有土地。莫卧儿时期及之前，全部土地都是私人或个人占有，但是在莫卧儿时期，农民不能离开土地。法律以及不断颁布的法令要求离开土地的农民返回或被遣返回他们的家乡。因为这个时期的印度地广人稀，政府必须实施这类措施将农民固定在土地上，保证税收，保证莫卧儿贵族所需。农民占有有所保障，但是身份却是“半农奴”。

生活在农村的农民受村庄评议机构五老会（*panchayat*）和村长 58
（*muqqaddam*）控制，但是农民最大的负担来自印度地主（*zamindar*）。印度地主（该词汇源自波斯语地主一词）由三部分人组成：前地方统治者或拉贾（raja），莫卧儿人征服后将他们纳入政府管理；地方或地区税务官，他们拥有自己的土地；人数最多的是各地的小地主。根据莫卧儿王朝法律，印度地主并非土地的最终所有者，但是他拥有向土地耕种者收取产品及税赋的权利，并且可以买卖土地。莫卧儿官员也往往将印度地主视同为收税官，将他们与各地税务官归为一类，但是印度地主所拥有的土地（zamindari）则被认同为私有财产。如果他没有能力纳税，或者反叛，统治者将分配土地给其他任何人。印度地主往往豢养亲兵，对自己的产业也实行专制统治，但是通常不会形成军事集团威胁莫卧儿王权。众多前拉贾，特别是实力超群的印度地主成为莫卧儿统治真正的威胁。

莫卧儿帝国的农业产量较高，种类丰富。已耕土地占可耕土地面积一半不到，养活大约14 000万人口。印度农民采用先进农业技术，包括播种机（农民能够控制耕种间距和深度）以及稻米移植技术。更为重要的是，次大陆的季节不是根据温度区分，而是根据季风划分，夏季大部分时间降雨量大。部分农民充分利用水利设施，仔细挑选作物品种，能够每年收获两至三次。一般情况下，西部和西北部农民种植小麦和黍稷，东部和南部种植稻米。另外他们也种植其他许多作物用于日常所需，并且出售，包括棉花、大麻、黄麻、蓼蓝、鸦片、水果和蔬菜，来自新大陆的作物，比如辣椒、玉米和烟草的种植面积也越来越大。由于许多土地仍未耕种，农民还饲养牲畜用作畜力和食物。同时村庄还存在榨糖、纺织产业。

外国人对于印度的印象，与农村中产量很高而农民十分贫困的现象绝然不同。印度出口大量昂贵的农产品，比如香料、蔗糖制品以及丝棉衣物。印度许多地区已经出现某些产品专业化生产现象。但是印度不断遭受严重的饥荒，大多发生在季风不足的时候。最为严重的灾难发生在公元1630—1632年，在沙·贾汉（Shah Jahan）统治时期，1631年，他的妻子蒙塔兹·马哈死于难产。沙·贾汉显然更加悲痛于妻子的去世，而非几百万印度人忍饥挨饿而死的现状，在饥荒最严重的时候，他开始兴建泰姬陵纪念他的妻子。为此他花费了数百万卢比，这些钱足够挽救众多生命。

莫卧儿时期饥荒造成的灾难和死亡说明印度的富庶掩盖了农业生产
59 和供应水平低下的事实。饥荒反映出自然灾害以及莫卧儿王朝土地和税收政策的残酷性。莫卧儿人将相当一部分土地分配给军人以奖励军功、保证兵源。他们努力防止这些“军功田”（*jagirs*）为反对者所用，每隔几年就重新分配。这种制度鼓励从土地上的农民中选拔“领主”（jagirdar），他们不仅要完成莫卧儿政府征收的赋税，也能够为自己获得尽可能多的报酬。从阿克巴到奥朗则布（Aurangzeb）时期的政府报告表明，领主和其他官员残酷剥削农民，他们被迫逃离，抛弃土地。曾经照顾奥朗则布的法国医生弗朗索瓦·贝尼耶（Francois Bernier）记载，众多土地抛荒，农民逃离官僚的盘剥，有些甚至死亡。但是莫卧儿人向印度地主征收高额赋税用于战争和建设，基本让他们一无所有。

农民和印度地主不堪忍受剥削，爆发起义，有时还联合起来。公元1661年，莫卧儿人征服库齐贝哈尔（Kooch Behar）西部地区，征收比之前拉贾（地方统治者）更加严苛的赋税。农民揭竿而起，将莫卧儿人驱逐出这个地区。种姓身份以及新兴的锡克教将众多农民起义者团结起来。印度地主频繁抵制纳税并爆发起义，这也促使他们善待手下的农民，以获得他们的支持，反对莫卧儿人。

莫卧儿统治者很难完全消除起义爆发的原因。在他们统治的前几十年，他们还能够惩罚不逊的领主，或者将他们迁往其他地方，保护农民不受他们盘剥。17世纪晚期，帝国陷入马拉塔（Marathas，西印度一个大型印度民族团体）的连年起义和其他反对莫卧儿权力和税收政策的反抗中，皇帝赏赐军官土地，希望赢得他们支持，对抗反对者。在这个过程中，农民的境遇每况愈下。马拉塔和其他起义者也依靠农民参加军队，但是他们与莫卧儿人和领主同样压迫农民。马拉塔领袖希瓦吉（Shivaji）在自己的土地上征收两倍于莫卧儿人的赋税。农民起义通常以剥削农民身份的追随者告终。农村爆发的这些冲突与 17 世纪晚期和 18 世纪的政治冲突给英国人可趁之机，让他们有机会在南亚建立帝国统治。

在这些伊斯兰帝国中，奥斯曼和莫卧儿政权为自己在农村的分化而斗争，开发农村地区获取产品、劳动力和士兵。他们很少意识到农村也需要他们的支持，甚至饥荒时的救助也是尽可能地少。站在农民的立场上，这些政权与不时爆发的环境危机以及肆虐的掠夺往往相伴而生。

中国：明清之际及中国农奴制度的终结 60

中国的政治变迁与农民和农业的发展密切相关。王朝通常创始于战争和经济危机造成的巨大灾难和人员损失之后，出现在土地荒废、供应短缺现象之后。新王朝会对农民采取宽松的政策，鼓励他们耕种更多土地。比如公元 1368 年兴起的明王朝允许农民在被连年战争破坏的土地上开垦尽可能多的土地。这些王朝同时恢复救济粮仓制度，应对饥荒。

但是，当王朝统治稳固后，地方官员和地主或早或晚地会开始漠视中央权力，奴役农民。明朝就将农民变为农奴。一般情况下，居住在自己产业内的地主利用农奴从事农业生产，不住在产业内的地主依靠自耕农耕种土地，由农奴监督者管理。公元 1397 年，明朝颁布法律禁止平民拥有奴隶。平民必须收养农奴。明清文献证实众多农村人口是农奴，自由农民也为数不少。但是没有充分证据确定二者之间的人数比例。

明统治时期，农奴地位下降。明律认定他们的身份是“庶民”，低于平民，触犯法律者遭到的惩罚更加严厉，也没有入仕和受教育的权利。农奴监督者至少有挣钱的机会，但是他们也抱怨自己的社会地位卑微。从事农业生产的农奴尽管往往被主人收养，但是待遇极差。主人让他们从事繁重的劳动，即便天气不好也没有休息时间，食物也很少，还残害他们的妻女，抢占他们的财物，在农奴死后出卖他们的家庭成员。

16世纪末、17世纪初明朝衰落时期，自然灾害导致饥荒。“穷人”和“流民”抢劫仓库，有的富人家也遭到抢劫。明政府下令减免赋税，部分贵族地主组织放赈救灾。但是这些努力仍然不够，公元1630年，中部省份陕西爆发饥荒，农民支持农民起义领袖李自成。在李自成起义的14年时间里，他的军队在所控制省份均田地、杀恶霸，抢劫和破坏了众多大地主庄园。公元1644年，起义军推翻明朝统治，但是数年后即将政权丢给了入侵的满族人。

饥荒爆发期间满族入侵、统一的政府管理中断都导致大批人口死亡。
61 中国人口在14世纪时为8 000万，至17世纪早期达到1亿5 000万。17世纪晚期满族人打败最后一支抵抗势力时，人口已经下降至约9 000万。

满族人在夺取政权后马上开始赏赐族人、侍从和军官土地，称旗人，所分配土地一般为50公顷，配有10名奴仆和一个工头。明朝统治后期，农奴起义反抗地主，满族征服后，他们再次起义反抗新满族主人。这些起义有的以废除奴隶制度为目标，有的武装抢劫贵族家庭及其产业。不稳定的原因是人口增长：清朝在短短数年间分配的土地已经无法满足日益增长的农奴人口的需要。

18世纪早期，满族人开始废除奴隶制度以消弭农民的不满情绪。公元1727年、公元1728年和公元1744年，政府颁布法律提高农奴的地位，将其从“庶民”提升为平民。18世纪50年代，农奴在中国经济中的地位并不重要。这次改革之后，随着中国经济的发展，清朝早期中国农民的产品开始供应日益兴起的城市市场，这种市场的基础是家庭作坊式的密集雇佣劳动。

随着中国奴隶制度衰落，18世纪晚期，中国农业的基本单位为农民家庭，或者是小农或者是雇农。地主中有原来的农村贵族，也有士绅和大商人，这些商人收购棉花、布匹等农产品，在市镇工场中生产成品。这个时期的农民存在地区性和经济类型的差别。在偏远地区，农民主要从事粮食生产，但是在长江流域等城市化程度较高的地区，他们越来越侧重于生产经济作物供应日益增长的市场需求，特别是棉花。14世纪时，长江流域从事棉花种植的农民十分稀少，甚至没有，但是18世纪时，几乎每个农民家庭都种植棉花，造成纺织品产量急剧上升，每年出口的棉布可达数千万匹。

但是这种以农民家庭为基础的商业化进程很难与基本的生活需求截然分开。宋明时期种植的各种速生稻在17世纪生产力达到极限，中国农业发展基本停滞，一直持续至20世纪70年代的绿色革命之前。18世纪以来，中国人口持续上升，中国农民家庭的土地占有率代代减少。他们只能尽可能多地雇用家庭成员从事生产，获得更多收入，但是所得报酬很低。这种“自我剥削”模式在世界范围内众多低收入群体中至今仍然存在，特
别是在农民中。中国农业和纺织业的高生产率建立在贫穷农民无以为继 62
的悲惨生活之上。

但是，满族统治中国最初的一个世纪里，中国农民的生活十分优裕。中国人口已经从明清之际的低谷中复苏，到18世纪末期已经达到3亿人，是明朝鼎盛时期的两倍。发展的原因之一是满族政府改善济贫制度。18世纪大多时间里，仓廪制度得到有效执行，政府有能力应对17世纪晚期和18世纪爆发的饥荒。

日本农民：从世袭奴婢到市场个人主义

日本农业可以追溯至公元前1000年，采用朝鲜和中国的方式耕种稻米的时候。最初日本农民采用流动耕种方式，随着人口增加，政府管理加强，土地成为稀有的、有价值的商品；农民需要缴纳赋税、服劳役和兵役。

7世纪的大化革新中，日本统治者尝试废除土地私有，借鉴中国的土地国有化制度。这次改革与传统的私有土地占有制度产生冲突，日本农民群起反抗，迫使统治者废除这项政策。私人地主和佛教寺院反而获取更多土地，12世纪，私有庄园（*shoen*）已经控制日本一半土地。

庄园领主是庄园的主人（*sho*），这个名词与西欧中世纪庄园含义相同，但是庄园领主并不拥有领地（前文已经阐述，这是欧洲庄园领地中由领主直接控制的土地）。农民居住在庄园内被分配的土地上，他们表面上拥有该土地，但是需要缴纳某种费用给领主。12世纪开始，这种制度日益

巩固，日本农业生产力提高，稻米和其他农作物每年收获两次，水利灌溉设施规模扩大。但是，日本农业仍然十分脆弱，屡屡发生由于天气原因导致的粮食歉收和饥荒。

在之后的几个世纪里，庄园领主与日益崛起的地方统治者大名（*daimyo*）的利益发生冲突，在15世纪晚期和16世纪的战国（*sengoku*）时期，多数领主成为大名的属民。16世纪晚期、17世纪早期，部分实力较强的大名打败其他对手，其中以创建德川幕府的德川家康（Tokugawa Ieyasu）最为著名。新任日本统治者进行详细的土地测量，确定私有农民土地占有为日本的农业基本国策。德川创造出一个和平稳定、经济发展的日本，也使农业发生重大变化。

63 16世纪日本的农业制度以农民家庭和私人土地占有为基础。部分家庭需要更多土地，但是部分家庭的子女众多，所拥有土地无法满足需要。为了避免贫困，为子女赢得发展机会，这些穷困的家庭有可能卖儿鬻女给土地广大的家族为世袭家臣（*fudai*）。在严重饥荒爆发的时候，穷人家庭人口被买卖的数量达到几千人，包括沦为奴婢的成人。幕府一直禁止这类买卖行为，但是在危机爆发时，幕府也只能勉强允许这些行为。17世纪，日本农村人口中大概有10%是奴婢。

农村中还有一批无地农民（称“名子”，*nago*），这是一个人数更多的农民阶层，他们依附于大土地所有者或“亲方”（*oyakata*）。与欧洲农奴相似，无地农民及其家庭从地主手中获得小块贫瘠土地的分配份额以及极为稀少的耕种材料，包括牲畜、工具、肥料、种子和水。为此，他们必须耕种地主的土地，并承担其他工作。17世纪，土地所有者可以毫无限制地雇用无地农民劳动力，但是他们也必须付出相当多的资源维持这些农民所需，特别是在粮食歉收或饥荒时期。无地农民的人数可能占日本农村人口的一半。

德川幕府早期，日本农业的基础就是这些大家族和奴婢。各个家族可能指定一个儿子为家族长，并且分配给其家族成员数量不一的土地和财产。其他儿子和亲属所得较少。但是，所有家庭成员和奴婢共同劳动，在每块稻田和田地浇水、耕种、收获，因为水源和气候条件要求所有工作必须尽快完成。这种家族集体劳动的农业模式提高了生产力，也促进了人口增加。公元 1500—1700 年，日本人口和耕地面积增长了三倍。

城市化进程和经济发展促进了农业的发展。日本城市人口增长的速度甚至高于一般人口的增长。公元 1590 年，江户（Edo，后称东京）只是一个村庄，公元 1730 年已经拥有 50 万人口，可能是当时世界上最大的城市。这个时期，许多市镇快速发展。这类大城市供应需求大，对大型食品和纺织品市场依赖程度高。农村为此生产更多的粮食供应市镇市场，种植棉花或桑树纺纱织布。所有这些都纳入市场交换体系：购买种子、化肥、纺织工具，出售各类产品给其他家族、中间商或者直接出售给市镇居民。

公元 1697 年一部大型农书《农业全书》由宫崎安贞（Miyazaki Antei） 64
出版，反映出农民提高产量的种种努力。安贞是一名熟练农民，他花费数年时间向全日本的农民学习，探索各种生产方式。他的著作在一个世纪里是不可逾越的经典，在德川时期甚至出现数部伪作。许多农民遵循实践。农业技术的进步体现在大量使用化肥（价格昂贵，经常出现供应短缺）、增扩建水利设施、地区作物专业化、提高作物轮耕水平、改善主要作物品种等方面，20 世纪这些技术的进步为农业带来飞跃发展。

这些也导致一个不可预见的严重后果。它导致日本农业更加复杂，工作难度加大。一个小农庄的规模如果稍微大一点，个体所有者的管理难度就加大，这制约着经济体的规模。如前所述，日本农民不断在家族子嗣内分割土地，随着人口增加，这个模式仍在延续。许多较大一些的农村仍然存在，但是 18 世纪的时候，它们往往不能善终。这种恶性循环破坏了大家族占有、无地农民和奴婢劳动以及集体劳动的传统。

18 世纪和 19 世纪，大土地占有者越来越多地将土地分割给雇农耕种，将依附的奴婢变为独立的、支付租税的雇农。十分明显，“名子”身份并没有从法律上废除，20 世纪仍然有些人拥有名子身份。但是从 18 世纪开始，名子已经从土地统计文献中消失，取而代之的是雇农名单。

欧洲的剥削制度

在亚洲，14—18 世纪，西亚和南亚的自由农民日益丧失独立地位，中国和日本的奴婢因新制度和市场需要被解放，至少地位有所提高。在同一个时期，欧洲的农业制度也同样采取不同的剥削形式。在欧洲大陆的西部，向市场的转变对中世纪剥削制度的打击有限，生产力水平不高的世袭体制主要满足地主和国家的收入要求。在东欧大部分地区，农民受到新型的、与西部之前的农奴制相似的剥削制度的奴役，但是剥削者和管理者是中央政府。最后，尼德兰和英格兰（以及众多其他地区）的农民创造出一种针对市场的农业体制，它甚至完全不用于生活所需，这种体制提高了生产力，促进了资源开发。本章将探讨前两种前近代剥削体制；下一章将探讨第三种“农业革命”体制。

65 古老的西欧政制

中世纪后期的农民为获取土地、地位和报酬的起义和冲突帮助多数西欧农民摆脱农奴身份，但是在一个孤立的区域内，仍然存在100多万农奴。即使已经自由的农民仍然保留着广泛的对地主和政府的古老义务。西欧农业社会在18世纪时仍然保留世袭传统，甚至有所发展。人数较少的贵族控制着土地和财富，多数贵族比较贫穷，与农民的处境几无二致。同样一小撮富裕农民控制着农村（对抗严重的不满情绪），其中包括占人口多数的小农以及更加贫困的无地农民。相对平等的集体，比如摩泽尔河流域的农民共同占有土地，比如俄罗斯农村公社定期重新分配土地现象，都十分罕见。

根据法律规范，政府、贵族和教会拥有欧洲几乎所有土地。中世纪时期，这类占有方式往往与个体农村交织在一起，或者分割孤立着个体农村。但是这种占有方式也承担着传统赋税，包括租赁费用，如土地税，包括劳役、遗产税，包括教会的什一税，包括上缴国家道路建设工程的租税和劳役。贵族也拥有对农民的义务，比如饥荒时赈灾，但是严重的饥荒也会摧毁他们赈灾的能力。

农民的货币和实物负担一般超过他们收入的一半或更多。高额负担经常导致农民只能获得收成中极少的一部分报酬，这极大地削弱了农民的劳动热情以及改进土地耕种方式、改进工具的热情。这是这个时期欧洲农业生产力低下的重要原因。

欧洲人主要种植粮食作物，种植黑麦和燕麦多于小麦，因为在这个相对寒冷的时期，气候和土壤状况适宜于耕种这两种作物。但是在一些灾年，比如公元1709年、公元1740年和公元1772年，则颗粒无收。部分贵族地主，甚至政府尝试引进新品种，但是往往得到农民的抵制，最为著名的是18世纪美洲马铃薯事件。

19世纪以前，中世纪欧洲大陆的农业技术几乎没有进步。中世纪的三圃制在整个欧洲大陆一直占据统治地位，只有尼德兰除外。这种方式留出相当一部分土地用于牲畜饲养，不得种植任何作物，甚至青草和杂草都没有。这种方式同样留存着中世纪农民耕种村庄范围内多个分散的小块土地的传统。

荒地和分散土地对农业和经济发展有利有弊。在多块土地上种植作物能够保证气候恶劣时仍然有所收获，因为部分土地可能播种较深，有的 66
较浅，而且在村民中分配各种类型的土地能够消弭矛盾。耕种多块土地要求农民花费大量时间和精力逐一耕作，并且需要遵循土地的轮作规则。三圃制的主要缺陷是在耕种不同粮食作物时土地需要“休整”。在法国，直到公元1789年可耕地的三分之一或者五分之二还要每年休耕。尼德兰和英格兰的最大进步就在于不让土地闲置，三圃制就此废止。

农业生产方式也十分落后：农民手工播种，使用古老的木犁，使用镰刀或者打镰刀收割，往往造成谷粒在地里就已经粉碎。妇女儿童在收割后捡拾谷粒——人工收集破碎的谷粒。农民对于化肥的认识十分浅薄，他们只是允许牲畜在收割后的土地上吃草、踩踏土地翻土。作物产量很低，往往只是种子数量的三到五倍，这意味着他们生产的粮食只能维持温饱和缴纳实物赋税，只有极少数用于出售盈利或者改善生活。农民自然陷入贫困。

农民的饮食主要是粮食，其他食物种类极少。春末的时候，他们通常已经没有存粮，只能吃替代食品或忍饥挨饿直到收割。他们居住在简陋原始的屋舍内，往往与牲口住在一起，穿自己缝制的衣服。尽管农民普遍贫穷，但是他们的生存状态因经济和社会地位不同也有所差别。少数富裕农民住在结实的房屋中，丰衣足食。贫穷农民占绝大多数，有时能够达到全部人口的三分之一，他们背井离乡，成为乞丐、苦力。根据公元1796年的一份统计，巴伐利亚122 000名成年男性农民中有50 000名为无地农民。18世纪，农民的境遇更加恶化，部分原因是人口增长，主因是他们耕种土地的面积增长缓慢，甚至停滞，大量可耕地掌握在贵族手中。

西欧的地主通常只有很少，甚至没有领地，全部或多数由雇农耕种。多数贵族不想提高领地内土地的产量。他们更加关心的是保证自己高于农民的社会地位，他们大多认为农民蠢笨落后，几乎不把他们当作人看待。在东欧地区，这种思想有时反应为极端民族主义，比如波兰贵族对待乌克兰农奴的态度。部分贵族以及精英分子也认识到造成农民悲惨境况的部分原因是他们是剥削制度的牺牲品。

18世纪，西欧贵族和君主之间针对农民与农业生产问题发生冲突，称为“贵族反抗运动”。贵族希望征收更多的捐税，完全恢复已经废除的古
67 老义务，将农民固定在土地上，并且无视相关限制条令。农民反对这些要求。在多数国家，甚至连农奴都成立自治机构，在政府中有发言权。在瑞士，在德国，在法国，农民在领地中有代表（定期集会），农民在多数地区建立固定的，并且往往是经选举产生的自治机构。

中世纪复杂的农业活动、贵族地区的优势地位以及贵族对农民的蔑视态度交织在一起造就了一个落后的、剥削性的、停滞不前的农村社会。有一些积极进取的农民采用不同的耕作周期，进行一些革新。但是多数农民都对新思想、新方法持怀疑观望态度。

俄国：二次农奴制

东欧，包括德国东部国家、波罗的海国家、奥地利、匈牙利、巴尔干半岛和俄罗斯，在中世纪时仍然人烟稀少。这些地区的贵族和政府给予在当地定居成家的农民优惠政策。中世纪晚期，一系列事件导致一种新型剥削制度出现。

最为重要的事件是公元1237—1240年蒙古人入侵俄国。在蒙古帝国的西北方建立金帐汗国，它存在一个多世纪，之后俄国人经过数十年斗

争摆脱蒙古人统治。蒙古人强迫俄国城邦向其人民征收贡赋，并且自相残杀以争夺蒙古人在俄国设立的代理人职位。莫斯科在争斗中获胜，占领其他城邦，承认蒙古人是统一的俄罗斯国家的俄国统治者。

15世纪开始，莫斯科大公称沙皇，这是俄语对恺撒的称呼，他十分依赖贵族军队，将土地连同农民分配给他们，并且供养他们的家庭，保证他们效忠。为了维持这个制度，保持纳税人数稳定，沙皇规定这些土地上的农民不得逃离。16世纪末至17世纪初，一系列严重的经济和军事危机爆发，其中一段时间被称为“动乱时期”，沙皇颁布命令暂时禁止农民离开土地。公元1649年贵族向沙皇施加压力，迫使他颁布法律允许贵族无限期地认领逃亡奴隶。这标志俄国农奴制度确立。对贵族领地外的农民，政府也制定相同的政策。

俄国东部、欧洲东部和中部的贵族抵制农民获得自由的要求，剥削更
加严苛。公元1487—1645年，丹麦、波西米亚、波兰、匈牙利、普鲁士、奥 68
地利和其他东欧国家颁布法令将农民降为农奴，剥夺他们的民事和政治
权利，将他们束缚在土地上或主人手中。

这种新型农奴制度的形成有经济、政治和军事等多方面原因。波罗的海地区的大庄园生产的粮食供应日益扩大的西欧市场。波兰由贵族统治，努力巩固他们在农村的势力和地位。在俄国，贵族势力衰微，但是政府招募农奴服兵役，并强迫他们参与城防建设，从这个方面说，农奴制度保障国家安全和物资供应。无论哪种情况，农奴化进程都使贵族实际上成为政府权力阶梯中的最底层，负责收缴赋税、执行政府的政策。

东欧农奴制度与西欧对依附农民的温和管理制度相比更加严酷。在丹麦，贵族要求农民在领地内工作200天，并且役使自己的马匹。在许多地方，农奴每周工作几天，收获季节工作时间延长。东欧农奴一般还需要支付一定数量的货币，这要求他们向地主缴纳一部分自己土地上的产品，他们只能在耕种领地外的有限时间内耕种。

俄国农民的赋税依照农村地域特点征收。南方的伏尔加河地区和乌克兰地区有可能生产出用于盈利的剩余粮食，那里农民的主要劳动就是在贵族土地上服劳役，称“劳力税”（barshchina）。在北方地区，很少能够出现

类似的收成，贵族主要获取货币捐税，称“年税”（obrok）。贵族允许农民前往市镇出售领地上的产品，他们中多数人拥有足够的财富赎买自由。

但是18世纪多数俄国农民的地位在下降。从彼得大帝（公元1682—1725年）到叶卡捷琳娜二世（公元1762—1796年），统治者支持贵族西方化，剥夺农民的基本权利，包括向权力机构申诉控告贵族暴行的诉讼权，而且允许贵族残暴惩罚农民，将他们流放到西伯利亚。俄国贵族还买卖农奴，与美洲庄园主买卖奴隶一样。政府将农民移出领地，变为国家农民，这是一种压迫略小的农奴制度。俄国政府还强迫农民加入军队，每隔几年就要求每20个家庭派出一名年轻男性长期服兵役。村庄还要用葬礼“庆祝”年轻人离家参军。其他东欧政权同样剥夺农民的基本自由人权。

但是俄国农民也有自己的保护组织，在农民和外来势力间起协调作用：“农村公社”（称“*mir*”或“*obshchina*”）。这个名词的意思十分清楚：“*mir*”
69 意思是“世界”或“和平”，说明其作用是平息农村纠纷，“*obshchina*”的意思是“所有农民的共同事务”，也就是说农民管理农村土地。贵族和政府向公社征收产品、劳动力和税收，并且定期将土地重新分割，分配给农村家庭，保证负担分配更加合理。东欧地区多数其他农村社会也存在同样的合作组织。

农奴与欧洲生活

前近代欧洲低下的生产力以及农奴制度导致饥荒和叛乱不时发生。18世纪法国出现“饥荒阴谋”的谣言，事实上，饥荒因自然灾害而起，一般是寒冷潮湿的小冰期及资源不足所致。政府会采取救济措施，但是荒年的储备不足。公元1601—1604年，瓦伊普提纳火山喷发造成欧洲和俄国爆发饥荒，就是一个极端的例证。根据一位作家的描述，公元1739—1740年的饥荒在法国造成的人员损失超过路易十四发动的所有战争的死亡人数。

起义的发生不如粮食歉收那么频繁，但是损失更大。据不完全统计，17世纪和18世纪俄国曾经爆发过四次大规模起义。俄国中部的众多农民逃往南方，摆脱农奴身份，形成顿河沿线的军事集团哥萨克。俄国所有起义都从哥萨克起义反抗日益严酷的俄国国家命令开始，之后吸引大批农民参加进来。其中规模最大的一次起义是公元 1775—1776 年的普加乔夫（Emilian Pugachev）起义，在叶卡捷琳娜二世出兵镇压前，他们已经接近莫斯科。俄国统治者在之后的几十年时间里一直陷在新的普加乔夫起义爆发的恐惧中。

欧洲农业收入相对动荡。西欧的半农奴社会尚不能生产出维持温饱的产品，更不用说众多的大型市镇了。这些国家往往被迫进口由东欧农奴生产的粮食。文艺复兴、宗教改革以及宗教战争、科学革命和启蒙时代等文化繁荣发展大都得益于这些依附农民的劳动。18 世纪晚期，受过教育的欧洲人——东欧人和西欧人——人数越来越多，他们开始认识到这个制度具有不合理性。

大西洋庄园经济

如果将欧亚大陆视为一个整体，农奴制度在有些地区衰亡，在有些
地区扩张，其中以俄国农奴制最为严酷。这些体制生产基本稳定的粮食，
供应这些国家所需，出口有限产品至附近国家或更远的地方，但是没有任
何一种体制可以达到新大陆庄园经济或全球范围内进出口经济的残酷程 70
度。从英格兰到中国，消费者们享用着美洲奴隶庄园中生产的昂贵的食品。
这个“大西洋体系”或“庄园经济体”将前哥伦布时期美洲农业与欧洲农
业的特点结合在一起。

前哥伦布时期的美洲农业

与前近代欧洲同时期的美洲主要由两个社会组成——阿兹特克人或墨西哥人社会和印加社会，它们依靠独具特色的美洲作物——玉米、大豆、马铃薯和其他块茎类作物、辣椒以及部分动物维持生活。这两个社会都存在某种形式的剥削农民制度。

墨西哥人于公元 1280 年左右从墨西哥北部迁徙到今墨西哥城所在区域，之后他们用武力从当地的特帕内克（Tepanec）人手中夺得峡谷内特斯

可可（Texcoco）大湖的部分岛屿。墨西哥部分地区采用浮田耕作，即用湖泥以及动植物残骸做肥料播撒在花园中。浮田的使用有助于提高玉米、大豆和其他作物的产量，之后人类逐渐在湖中定居。14 世纪，墨西哥社会充分扩张，建立了都城特诺奇蒂特兰（Tenochtitlan），城中建有供奉神祇维齐洛波奇特利（Huitzilopochtili）的大型神庙，采用人殉人祭。

墨西哥社会由区域性氏族组成，称“卡尔普伊”（*calpulli*），他们集体缴纳贡赋，拥有“土地”（*milpa*），并且定期重新分配。公元 1370 年，卡尔普伊首领组成的议事会恳求附近强大的托尔特克（Toltec）城邦派出一名领袖，他成为墨西哥第一位国王（*tlatoani*）。不久，这些国王和他们的家庭成员形成中坚种姓，他们征收贡赋，将农民束缚在土地上成为农奴。骁勇的武士、征收国家贡赋的商人以及高级宗教官员有权拥有领地。

15 世纪 20 年代，墨西哥征服周围地区，建立一个地区性帝国。他们确定太阳神维齐洛波奇特利崇拜为国教。该宗教中，太阳神每天与黑暗势力做斗争，需要人牲的鲜血维持生存至第二天。墨西哥人领袖有发动战争、征服行动的义务，也有责任通过祭祀活动支持维齐洛波奇特利与黑暗和世界末日做斗争。这个观念导致殉人数量急剧上升，这个仪式在该地区早期社会已经存在。墨西哥人显然也同类相食，他们吞食殉人身体的某个部分。他们不间断地发动战争，获取殉人仪式所需的战俘。在这个过程中，卡尔普伊制度衰落；新征服领土成为农奴领地，并且成为生产和贡赋的主要经济来源。

帝国很快就达到供应极限。浮田制度无法满足帝国扩张带来的城市
71 人口增长的需要，定期爆发的干旱更是雪上加霜。国家开始大规模重新规划土地，开垦梯田，但是仍然不能避免频繁发生的粮食短缺和饥荒。墨西哥人从被征服地区掠夺越来越多的人牲祭祀太阳神，这削弱了生产力，导致反抗和起义。墨西哥人一般能够镇压这些起义，屠杀部分参与者，征收更多的苛捐杂税，用产品、食物和人牲祭祀。这些举措进一步削减粮食产量，饥饿人口蔓延至被征服地区以及阿兹特克城市。与此同时，墨西哥贵族不断扩张，聚集更多的奴仆和附庸，脱离国家和经济控制。

为了解决首都的粮食短缺问题，15 世纪末期，阿兹特克倒数第二位皇

帝阿维索特尔（Ahuitzotl）修建高架引水渠引水至特诺奇蒂特兰，保证浮田运作。这项工程引发的洪水摧毁都城。阿维索特尔于公元 1503 年逝世，他的继承者蒙特苏玛二世（Motecuzoma II）不顾粮食短缺，发动一系列劳而无功、耗资巨大的战争打击臣民及周边民族，直到西班牙征服者埃尔南·科尔特斯（Hernán Cortés）到达。

墨西哥人创造出一套因地制宜的、可持续发展的农业制度，但是他们征服的帝国所需已经超出他们的粮食生产能力，并因野蛮的宗教实践导致起义爆发。印加人也创建了一个同样庞大的帝国，其粮食生产体制不同，衰亡源自内部矛盾。

印加人在安第斯地区创建帝国，该地区范围为今厄瓜多尔至智利北部，由三个地理区域组成。干燥的沿海平原地区有河流绿洲。安第斯山脉、平原、高原从今秘鲁南部延伸至智利北部和玻利维亚西部。内陆平原大多是亚马逊河热带雨林区。这里的居民因地制宜，种植各种作物。早期居民种植玉米、大豆，以及美洲鸵和驼马等动物（是当地主要牲畜）所需草料作物，沿海绿洲种植棉花。公元 1000 年，他们已经修建漫长的灌溉设施，在高原修建梯田。他们还种植各类马铃薯，这后来成为世界范围内最为重要的作物，另外还种植多种块茎类作物。他们利用山区寒冷干燥的气候特点风干马铃薯，制成马铃薯干，可以保存数年。

印加人最初与其他众多民族一起生活在秘鲁高原的的喀喀湖（Titicaca）附近。13 世纪开始，他们组成地方性的血缘组织，称"阿伊鲁"（*ayllu*）。阿伊鲁允许成员依各自需要自由耕种土地，面积不限，但是要求他们向无能力者提供产品，比如老人、寡妇、孤儿，还要敬献产品用于宗教活动。这种互助原则是后来支撑印加国家劳役制度的基础。

印加人信仰太阳神印缇（Inti），信仰该神祇也要求他们供奉祖先，他
们将此发展到极致。在早期发展历史中，印加人称主要领导者为"印加"。 72
公元 1438 年，时任印加的儿子击退一次袭击，控制政府，称"印加·帕恰库蒂"（Inka Pachakuti）。在帕恰库蒂统治时期，印加人建立"分割继承"制度。印加人区分国有土地和印加统治者土地，这部分土地用于维持印加统治者本人和一个由他的儿子和亲属组成的"帕纳卡"（*panaqa*）集团以及附庸、

卸任官员及家庭的日常所需。换言之，每位印加是自己的阿伊鲁的首领，他的责任与其他农民相同。印加逝世后，他的一个儿子成为政治继承者，继承他的政治权力，但是并不继承他的土地和财产。那部分土地和财产仍然属于逝世的印加和他的帕纳卡，这个帕纳卡中可能有上千人，每个人都拥有土地、农民村落、奴仆，生活奢华。

这个分割继承、逝世印加的帕纳卡保留产业的制度给印加帝国造成沉重的经济负担，迫使他们对外扩张。为了给自己及帕纳卡赢得更多土地，每个新上任的印加都必须征服新领土。定期爆发的战争和征服行动给国家和人民——他们必须成为士兵、农民，或者从事其他劳动——带来沉重负担。每次印加更迭都导致更多的土地丧失经济效益。最终，最后一个龙驭上宾的印加之后，他的合法继承者瓦斯卡尔（Huascar）决定废除祖先崇拜。他的异母兄弟阿塔瓦尔帕（Atauhualpa）得到帕纳卡和其他仍然遵循祖先崇拜的传统的印加支持，发动一场持续七年的继承权战争，并最终取得胜利。这场战争造成巨大破坏，人员损失惨重，此后印加帝国在面对弗朗西斯科・皮萨罗（Francisco Pizarro）率领的西班牙入侵者时不堪一击。

印加国家这段独特的历史源自其独特的经济体制。印加人发现沿海地区经数千年堆积形成的海鸟粪能够提高土壤肥力，于是就推广使用。他们的梯田、水渠和水库表明他们的水利管理水平相当高超，但是他们的技术水平仍然处于新石器时代晚期阶段。他们没有使用车轮、铁或马具。他们使用的农具主要是“塔克拉”（*taclla*）——一种石质或青铜质小型挖掘工具、松土的木槌、小锄以及收割刀。但是这个农业体系支撑着哥伦布到达前美洲最为强大的帝国。该帝国建立了劳役税收制度，称米塔（*mita*），劳役范围包括耕种国家和帕纳卡的土地，服兵役，参与交通运输，保护仓库和驿站，兴建维护灌溉设施、梯田、水井、道路以及其他活动。西班牙征服者保留了米塔的名称及主要内容。

在 16 世纪到达的欧洲人看来，美洲人的食物异常丰富高产。作物多样性表明这些居民所在的农业社会充满活力和创造性。16—18 世纪哥伦
73 布交换体系将这些作物传播开来，极大地提高了众多国家的粮食产量。但是这些体系对于前哥伦布时期的美洲帝国的帮助十分有限，生产力低下，

粮食短缺时有发生。低下的生产力源于土地枯竭，源于政府对农民的剥削和奴役。阿兹特克和印加帝国体制进一步导致农业环境及农民维持生计的生产力降低，同时政府还施加更加严苛的，甚至残酷的苛捐杂税。科尔特斯和皮萨罗遭遇的内战说明这些帝国无一能够长久，即便西班牙征服者没有到来。

本土帝国并没有意识到美洲作物和美洲农民蕴藏的巨大潜力，主要原因在于他们的宗教和政治观念。西班牙人、葡萄牙人和其他欧洲探险投机者在16—17世纪到达美洲，他们很快抓住该地区及作物的农业发展潜力，将农产品运往其他大洲，世界农业发生巨大改变。但是，尽管粮食产量飞速提高，欧洲人对于美洲中部和南部的农业开发与本土美洲国家同样残暴。

欧洲、美洲人及大庄园经济的形成

16—17世纪，西班牙和葡萄牙主要沿用中世纪伊比利亚农业体制，采用阿拉伯作物在美洲中部和南部建立大庄园经济。这种中世纪的农业体制源自西班牙最后一丝农奴制残余。12—15世纪，西班牙基督徒与南方的伊斯兰国家展开旷日持久的战争，称“光复运动”。西班牙基督徒在光复运动中获得的领土日益增加，西班牙统治者将众多穆斯林从中世纪早期就开始经营的大庄园领地转交给西班牙地主，他们使用奴隶和农奴劳动。由于伊比利亚半岛气候干燥，西班牙统治者提倡畜牧业生产，由梅斯塔管理。他们释放奴隶和加泰罗尼亚的农奴，给予农奴更多的人权，减少他们对领主的义务。具有讽刺意味的是，在帝国扩张之初，在历史上最大规模的农业奴隶制度创立之时，西班牙人释放自己的奴隶，解放农奴，在国家经济中放弃粮食生产，提倡畜牧业生产。

大庄园经济中种植的最主要的阿拉伯作物是甘蔗（最初是最重要的作物）和咖啡。甘蔗起源自南亚，罗马人统治时期传播到地中海地区。在
穆斯林哈里发统治时期，甘蔗产品扩展到伊斯兰地区和欧洲市场。欧洲十 74
字军在巴勒斯坦和叙利亚接触到大规模的甘蔗庄园。中世纪晚期，西班牙和葡萄牙商人在塞浦路斯建立甘蔗大庄园，使用欧洲农奴、地中海奴隶市

场的奴隶和雇工劳动。

公元1543年，[1] 奥斯曼土耳其人征服拜占庭帝国，迫使葡萄牙和西班牙人将甘蔗产区西迁。葡萄牙人在葡萄牙南部的阿尔加维（Algarve）建立庄园，公元1450年开始，在大西洋马德拉群岛、佛得角和圣多美建立庄园。这些岛屿上的葡萄牙管理者以及加那利群岛上的西班牙人管理者建立甘蔗庄园，使用非洲奴隶和当地人从事生产劳动。国际竞争就此开始，欧洲市场及相继出现的殖民地，以及后来的附庸国家都争相生产甘蔗、咖啡和其他经济作物，相互竞争打压。公元1490年，马德拉群岛是欧洲最大的甘蔗产地，公元1530年，加那利群岛超越马德拉群岛，公元1550年，圣多美超越加那利群岛。美洲又使这些岛屿一蹶不振，最终将它们驱逐出主要市场。

在欧洲贵重食品竞争市场形成过程中，公元1492年哥伦布为欧洲人发现新大陆；16世纪早期，科尔特斯和皮萨罗征服阿兹特克和印加帝国；与此同时，葡萄牙人发现巴西，世界农业瞬间发生翻天覆地的变化。美洲人给予西班牙人和葡萄牙人广袤的、适于耕种的领土以及大批臣民。因为伊比利亚人最先于16世纪到达，因此这些地方的殖民地开发模式源自西班牙和葡萄牙的中世纪农业体系，这个体系刚刚废除农奴制，并且还不完全，同时在地中海和大西洋岛屿发展依赖奴隶劳动的庄园经济。

哥伦布及其后来者在圣多明各岛试验建立奴隶经营的甘蔗庄园，但是没有成功。征服阿兹特克和印加帝国后，西班牙人首先依据“委托制度”将当地居民分配给西班牙管理人或贵族。这些管理人往往将当地居民等同于奴隶从事农业生产。残酷剥削加之欧洲人带来的疾病导致大量人口死亡。由于来自巴托洛梅·德拉·卡萨斯（Bartolomé de las Casas）等悲天悯人的教士向西班牙统治者提出警告，委托制废除，但是当地人仍然因疾病和贫困大批死亡。西班牙人和克里奥尔人（美洲出生的欧洲人）农民以及其他需要劳动力者发现来自西班牙的契约劳动力价格过于昂贵，他们请求西班牙统治者进口非洲奴隶。

为了解决劳动力问题，也间接地为了解决欧洲和新兴殖民地不断增

① 此处原文有误，应为1453年。——译者注

长的蔗糖需求，贸易公司（最初由葡萄牙人建立，之后荷兰人、英格兰人等先后加入进来）在西非海岸多个地方建立贸易基地，后来扩展到东非沿岸。在非洲，奴隶贸易是一个十分古老的行业，西班牙商人和葡萄牙商人在15 世纪就已经参与到这项活动之中。16 世纪和 17 世纪，欧洲人控制西海岸奴隶贸易，并且迅速扩张贸易规模。欧洲人主要用奴隶换取纺织品，特别是来自印度和中国的棉布。他们还用奴隶交换美洲的黄金和白银资源，还有其他产品，比如用美洲蔗糖制造的酒，因此这项贸易已经形成自我支撑的流通体系。 75

奴隶商人从非洲海岸各个港口买卖奴隶的周期持续数月。商人将数百名奴隶塞进拥挤不堪的小船，大多捆绑在甲板下面。他们的食物是本地食品，否则多数奴隶将在横渡大西洋之前饿死。当奴隶船实在放不下的时候——甲板下的奴隶挤作一团，甚至被摞在一起，连呼吸都很困难，商人才扬帆开始跨越大西洋的三个月旅程。旅途中，众多奴隶因疾病而死；有些人偶有反抗，即被船员射杀；有些人的逃避方式是跳海自杀。尽管如此，多数情况下 80%—90% 的俘虏能够活着到达美洲，被卖往种植园劳动，或从事其他工作。

甘蔗、咖啡、烟草和其他高级经济作物并非生活必需品，多数还对消费者健康有害，这种经济部门依赖全球广泛的产品和人口交换网络才能维持生存。商人从中获取高额利润：运送奴隶的船长的收入用今天的话说可达数万美元。无报酬的奴隶劳动和无报酬的自由工人劳动所生产的这些高级作物是这类财富的经济基础。

美洲奴隶农业生产的历史涉及三大洲：美洲、非洲和欧洲；至少有5 个欧洲强国参与其中：西班牙、葡萄牙、英格兰、法兰西和尼德兰；生产多个品种作物：甘蔗、咖啡、棉花和可可。这段历史可划分为三个相互交织的阶段。第一个阶段为该体系形成时期，从公元 1550 年至 1700 年。第二个阶段是该体系发展的鼎盛时期，依地区和作物种类差异，时间有所不同，一般在 18 世纪至 19 世纪早期。第三个阶段为奴隶解放运动时期，始于18 世纪晚期，持续至 19 世纪 80 年代，与该体系发展的鼎盛时期相互交织。

墨西哥和秘鲁的西班牙殖民地以及巴西的葡萄牙殖民地是最早接受

非洲奴隶的地方，时为16世纪中期。在墨西哥和秘鲁，庄园制度崩溃后，西班牙地主将领主制度引进美洲，与大农场和农场形式结合，形成“大农场”
76 (*hacienda*)。进口奴隶用于这类农场及所有经济部门的劳动。但是墨西哥和秘鲁使用奴隶数量较少，奴隶生产规模不大，产品仅在本地市场销售。

最早的大型出口产品种植园出现在16世纪50年代的巴西。葡萄牙殖民者在寻找供应欧洲市场的蔗糖生产地时发现东北部的伯南布哥和巴伊亚地区环境适宜，至16世纪80年该地区已经建立100多座“甘蔗种植园”(*engenhos*)。种植园由多块土地组成，中央为包括磨坊在内的生产车间，通常采用水力驱动，用于榨汁、熬浆，还有其他提取和包装蔗糖及其他产品的设备。种植园土地不仅仅种植甘蔗，还种植其他生活必需的作物，主要是玉米，供应奴隶所需。随着巴西经济的发展，其他农场，甚至其他地区可能开始种植专门的粮食作物，保证种植园专门生产甘蔗作物。至16世纪70年代，巴西甘蔗种植园主要使用本地的印第安人奴隶劳动力。但是天花导致太多人丧命，16世纪80年代种植园主开始使用非洲奴隶。公元1620年，种植园已经基本依赖非洲劳动力或者他们的美洲后裔劳动力。

葡萄牙—巴西蔗糖生产依赖荷兰船运市场，这是一个获得许可权的商业公司——荷兰西印度公司。公元1580—1640年间，葡萄牙受西班牙统治，巴西因此成为荷兰人抵抗西班牙哈布斯堡王朝的主要目标。公元1624年开始，荷兰人控制了巴西东北部蔗糖产区，至公元1645年种植园主起义。为了与西班牙人抗衡，荷兰人将磨坊生产技术、信用体系和奴隶引进英法控制的加勒比诸岛。

17世纪中期，英国人和法国人从西班牙人手中获取多个西班牙岛屿的统治权。这些岛屿拥有优良的农产环境，适合奴隶甘蔗种植园生产。公元1670年，最早的英属甘蔗大岛巴巴多斯生产的蔗糖主要供应英国市场。岛上很快出现众多大种植园，多数人口为非洲后裔。英国商人和法国商人将甘蔗种植扩展到牙买加、伊斯帕尼奥拉及其他岛屿。英国人和法国人通过公元1652—1670年海战以及征收关税等措施迫使荷兰人丧失竞争力。17世纪80年代，英国人和法国人已经控制加勒比蔗糖的生产、运输和市场。

大西洋农业体系在公元1714年西班牙继承战争末期签署《乌特勒支

条约》时达到顶点。通过该条约，大不列颠王国从西班牙手中获得“奴隶贸易许可权”（*asiento*）。公元 1789 年，西班牙已经将该权力授予所有国家。由于这些变化，也因为蔗糖需求日益增加，18 世纪，更多的奴隶到达美洲，数量超过其他时期大西洋奴隶贸易的总和，达到 600 万—700 万人。直到 19 世纪早期，不列颠王国宣布其为非法，并在大西洋部署海军打击非法贩
运行为，奴隶贸易才开始衰落。尽管如此，奴隶贸易活动仍然持续至 19 世 77
纪 70 年代，公元 1800—1880 年间仍然有 300 万奴隶到达美洲。

以奴隶劳动为主的蔗糖生产在鼎盛时期催生了一系列中心。最早的大生产地是法属圣多明克（今海地，伊斯帕尼奥拉岛）。公元 1780 年，该殖民地是世界上规模最大、产量最高、最有效率的蔗糖产地，450 000 名奴隶在这里从事艰苦的劳动。邻近的英属牙买加殖民地曾经企图与之争锋，但是从未占得丝毫便宜。公元 1791—1804 年的海地革命导致该国从蔗糖市场消失。古巴成为新的龙头。该岛屿在公元 1763 年七年战争末期曾经短暂处于英国统治之下。英国人建立甘蔗和其他作物种植园，战后西班牙人重新统治古巴后继续沿用。

尽管出口贸易规模大、利润高，但是在所有殖民地中，多数农业劳动力，包括自由人和奴隶，仍然生产粮食作物和其他本地所需产品。以巴西城市圣保罗为例，城市周围环绕着奴隶种植园，生产玉米、饲养牲畜以及提供其他食物供应城市和其他种植园。玉米是奴隶贸易中的基本作物：是奴隶船上的主要供应品，也成为许多非洲国家的主要作物，是多数奴隶殖民地人口的主要粮食。

从非洲前往美洲的绝大多数奴隶到达巴西和加勒比地区。至少在种植园体系形成的第一个世纪，奴隶的生活和生产环境极其艰苦。砍伐和运送甘蔗是十分耗费体力的劳动。种植园所有者对于抵抗者的惩罚十分残酷，通常公开鞭挞警告他人。在这个时期，种植园主发现购买新奴隶的价格要低于善待现有奴隶而让他们生儿育女的支出。这也导致奴隶贸易规模持续扩大。但是由于奴隶大量逃亡，很多奴隶获得自由，很多奴隶组成家庭生育子女，18 世纪开始，人口急剧上升。19 世纪奴隶生育达到顶峰时，种植园工人中多数已经不是奴隶，部分原因是西班牙和葡萄牙政府早些

时候开始执行奴隶缩减（*coartaçion*）政策，奴隶可以合法地购买自由。19世纪早期英国和法国给予奴隶购买自由的权利。

大西洋农业体系建立的一个重要结果是“哥伦布大交换”体系的确立：粮食和畜牧产品在美洲和世界其他地区间传播生产。这个交换体系与中世纪阿拉伯农业交换体系相似，但是规模更大，影响更加深远。

欧洲人不仅将甘蔗带到美洲，也将欧洲作物，比如小麦和燕麦、草料以及牛、马、猪等牲畜带到美洲。欧洲作物在美洲中部和南部热带地区长
78 势不好，但是畜牧业繁荣发展。16世纪早期，最早到达的欧洲人尝试在今阿根廷定居，没有成功，但是少数马和牛幸存下来，几十年后欧洲人卷土重来的时候，这些牲畜已经成倍增长至几百万头。

另一方面，欧洲人将众多重要的美洲作物传播到非洲、中国和南亚地区。玉米和烟草迅速传播；马铃薯和西红柿传播速度较慢，但是迅速成为欧洲、非洲和亚洲主要作物。辣椒属作物成为非洲和亚洲最为普遍的作物，当地农民还创造出众多新品种。花生，因其生长于地下，欧洲人称落花生，成为最重要的粮食和油料作物，特别是在19世纪欧洲人建立的非洲殖民地。18世纪开始的世界人口扩张的原因中，美洲作物可能是人口转变论外最为主要的农业因素。

在近现代早期世界历史中，种植园体系发挥着十分关键的作用。它成功地利用相对较少的人口生产出数额巨大的作物和其他产品供应欧洲、美洲和其他地区众多消费者所需。后来19世纪、20世纪的欧洲帝国主义者效仿该体系，在亚洲和非洲建立种植园经济。但是它与欧洲基督教兴起至18世纪启蒙运动所主张的人道主义背道而驰，甚至比东欧农奴制更加残酷。其主要的补偿特征，仅在西班牙和葡萄牙殖民统治的多数时期表现为缩减法，即允许奴隶购买自由身份，18世纪以来已有成千上百的奴隶通过此项措施获得自由。

结论：奴役农业的鼎盛时期

近现代早期，农民经历了最为严酷的双重剥削。小冰期对农业的威

胁前无古人后无来者，特别在北半球。农奴可能占据农民的绝大多数，生产的产品占据世界农业产品的多数份额，其人数和规模也是史无前例的，但是在亚洲这是大规模解放运动时期。

在沙皇俄国、伊斯兰帝国和美洲，统治者和地主极力扩张势力，极力维持或加强奴役农业生产，以维持稳定的税收和供应基础。在中国、日本，最终在西欧，政府设想让农民生活在相对宽松的制度下，让他们适应市场，提高产量和销售量。法律和市场结合促使中国佃农获得自由、将日本名子转变为雇农——与欧洲中世纪模式相似，但是东亚的进程显然更加平和、更加迅速。

多数地区经历了时断时续的粮食危机、粮食歉收和饥荒，起因是小冰 79
期以及自然灾害。部分领导者，比如俄国沙皇，认为限制农民流动能够保证稳定的粮食生产，进而保证粮食储备，战胜供应危机。相反，市场的扩张以及农业生产的多样化和集约化促使中国政治领袖和日本地主给予农民自由身份，以此刺激生产。

美洲与世界农业的结合影响巨大。一方面，奴隶种植园生产大量产品，特别是高级经济作物用于出口，代价是奴隶贸易开销巨大，种植园生产环境十分艰苦。这个时期没有哪个社会采用如此严酷的剥削体系。俄国农奴所有者给予农奴的待遇多数情况下不及美洲种植园残酷。种植园体系同样剥削消费者，多数人已经认识到其出售的产品有害健康，容易成瘾。这种剥削廉价劳动力和公众品味的模式使 20 世纪和 21 世纪早期少数参与农业生产体系的政府、投资者和股东获利。另一方面，欧洲和美洲作物及牲畜的交换为几亿人口提供了生存必需的产品，在众多方面丰富了人类的经验。这些作物和牲畜在世界人口增长中将发挥核心作用。

农民、农奴和奴隶通常会抵制日益严酷的控制。他们的反应包括武装起义、逃跑，也包括一些比较温和的行为，比如传统的消极怠工等。遭受剥削的农业劳动者努力保护自己，有文化的城市精英阶层也在努力保护他们，这部分内容将在下一章讨论，这些都促进了 19 世纪的大解放运动以及之后的农业发展。

延伸阅读

关于南亚农业研究的两部经典著作，见：David Ludden, *An Agrarian History of South Asia*（Cambridge: Cambridge University Press, 1999）；Irfan Habib, *The Agrarian System of Mughal India*（New Delhi: Oxofrd University Press, 2001）。 Stanford Shaw, *A History of the Ottoman Empire and Modern Turkey*（Cambridge: Cambridge University Press, 1977）中包含有大量农村生活的资料。Jerome Blum 已经发表两部欧洲和俄罗斯农奴制度的力作：*Lord and Peasant in Russia*（New York: Atheneum, 1969），*The End of the Old Order in Rural Europe*（Princeton, NJ: Princeton University Press, 1998）是其代表作品。G. W. Conard & A.A. Demarest, *Religion and Empire*（Cambridge:
80 Cambridge University Press, 1984）深入探讨了印加和阿兹特克农业发展的历史。

两部关于大西洋奴隶制的经典著作，见：Philip Curtain, *The Rise and Full of the Plantation Complex*（Cambridge: Cambridge University Press, 1998），Herbert Klein and Ben Vinson III, *African Slavery in Latin America and the Caribbean*（Oxford: Oxford University Press, 2007）。

有关东亚的优秀研究成果，见：Philip Huang, *The Peasant Economy and Social Change in North China*（Stanford, CA: Stanford University Press, 1988），以及他的 *The Peasant Family and Rural Development in Yangzi Delta*（Stanford, CA: Stanford University Press, 1990）; Thomas Smith, *The Agrarian Origins of Modern Japan*（Stanford, CA: Stanford University Press, 1959）。

第五章

19 世纪的农业：民族解放、现代化与殖民主义

本章将首先叙述 19 世纪、20 世纪农业的现代化转型。这些转型是欧洲资本主义经济形成、欧洲崛起以及后来美国政治、经济主导世界进程的组成部分。在 19 世纪，这些变化包括解放英美大量的农奴和劳工。这些变化也包括市场化的农业体系的发展。这些变化通常称“农业革命”，在荷兰和英国与其说是革命，还不如说是农耕体系发展的不同道路，美国和阿根廷的农业发展最终也是其表象。

随后本章将考察欧洲殖民控制下的非洲、亚洲、拉丁美洲的农业体系。欧洲殖民者企图改变殖民地传统农业，使之适应欧洲生产方式，从而将殖民地纳入正在形成的以欧洲为中心的世界经济体系中。颇具讽刺意味的是，这一进程造成的后果是：废除奴隶制和农奴制的文明却导致大量农民深陷债务困境，迫使并将农民拘囿于与老的农奴体系几乎相同的农业体制中。

环境背景

19 世纪是从小冰川期向全球气候变暖转变的世纪。17—19 世纪阿尔卑斯山冰川消退就是明证，只有全球变暖才足以促使冰川消融。俄国 19世纪下半叶的高温天数是19世纪上半叶的两倍，18世纪晚期俄国河流、

北冰洋及其以北区域的冰层面积较以前大为减少。最近一次因潮湿寒冷天气导致农作物减产发生在公元1816—1817年和公元1845—1848年。

82 环境与农业社会相互影响，1845—1848年爱尔兰发生马铃薯饥荒，并影响到欧洲西北部地区。19世纪早期，爱尔兰人口众多，公元1845年为800万人，大部分是在小块土地上种植马铃薯维持生计的小雇农。他们一天的饮食是5—10磅的土豆和些许牛奶，相对营养结构好于英国大多数城市工人。然而，爱尔兰农民每年储存的粮食数量很少，甚至没有。爱尔兰的供应体系有所局限，其主要功能是向英国输出牲畜。公元1845年一场罕见的旱灾摧毁了爱尔兰约一半的马铃薯田。公元1846年旱灾再次发生，农业生产几乎颗粒无收，公元1848年干旱又一次发生，只是程度有所减轻。后来发现这次干旱的起因是源自美国的马铃薯晚疫病菌。寒冷潮湿的气候条件以及季风的作用致使马铃薯晚疫病菌扩散到苏格兰、英格兰、荷兰以及北欧其他地区。这导致欧洲出现大面积粮食减产，民众的不满和焦虑情绪引发了公元1848年革命。从公元1845年下半年至公元1847年，爱尔兰人和英国人努力开展救济。此时爱尔兰已经成为食品净进口国。然而，仍有100多万人死亡，约有200万人迫于恶劣环境移民美国和加拿大。

欧洲观察家还注意到气候转暖的另外一个现象，今称“厄尔尼诺（南方涛动）”现象或ENSO。这种全球远程联系，或者是相距遥远的两地之间的气候关联，将东亚和南亚日渐增加的失常季风与东太平洋秘鲁的暖洋流联系在一起。英国气候学家首次大量记录并注意到气候的远程关联。

19世纪早期欧洲严寒气候结束后，农业史上出现的最为严重的环境危机是19世纪70年代晚期至20世纪初期的失常季风及其引发的饥荒。严重的干旱肆虐印度和中国大部分地区，东非和巴西东北部塞尔唐（Sertão）的部分地区。这些失常季风引发的印度和中国的饥荒继续蔓延，数以百万计人口死亡。干旱和其他极端天气造成的环境危机也影响到俄国、美国等其他国家。这些灾害导致19世纪中期发展起来的全球贸易体系中断。

这些灾害也促进相关的技术创新和研究，以期减少和阻止这些环境危机。政府和科学家对这些灾害的了解更加深入，有义务帮助受害者，并通过建立灌溉体系、种植抗旱作物、改善交通等措施来提高粮食产量。这些措施是20世纪农业发展计划的源头。

伟大的解放运动 83

18世纪晚期至19世纪解放西欧农民、东欧农奴以及美洲庄园奴隶运动是人类历史上史无前例的规模最大、历史最长、效果最好的解放运动。政府实施改革，支持思想进步的中产阶级、农民和农奴对抗地主和奴隶主。

欧洲的解放运动

18世纪末，低地国家和英格兰的农业日益现代化，农作物轮作增加，粮食高产反射出欧洲大部分地方农业落后、生产效率低下的现实。英国农业记者罗伯特·杨（Robert Young）批评当时盛行的土地开放制度削弱了粮食增产的动力。然而，18世纪只有丹麦实行了巩固土地和圈地措施。

从法国哲人到俄国激进人士，欧洲知识分子和作家描述了“饥荒时期”收割前农民贫穷、肮脏、被剥削的生活状况以及他们的赋税和义务。特权贵族和国家法律都拒绝给予他们大量土地，许多农民最终沦为流浪汉。君主和贵族采取改革措施来对抗贵族的抵制，并减轻农民的贫困现象，但孤立无援，最终失败。许多贵族企图加强对农民的剥削，恢复旧有的农奴制度。“领主抵制”只会使农民更加不满。18世纪末期，农村开始爆发冲突，俄国爆发大规模农民起义，欧洲农民藐视并抵制农民的奴役义务。

公元1771—1884年欧洲国家政府迫于农民起义的压力最终解放农民，其间遭到贵族的微弱反抗。通常严重的政治危机迫使政府解放农民，也为更远大的目标服务。1789年法国大革命“废除封建专制”就是一个有力的例证。1789年要求召开三级会议的呼声日益高涨，许多因为前一年粮食歉收而担心生计的农民袭击贵族房屋，毁坏契约记录打击领主统治。贵族立宪议会、教士和市民寻求农民的支持对抗王室政权。公元1789年8月4日，贵族代表放弃他们的特权，投票支持“废除封建专制”。

公元1792年7月17日的激进法令废除了所有领主的特权，并且没有任何补偿。

中欧爆发的1848年革命支持农民解放的要求。在奥地利和匈牙利，
84 新选出的立法会议中包括农民和解放的农奴。当农民停止缴纳赋税，完成义务后，奥地利国会给予农奴自由。匈牙利谣传4万名武装农民袭击国会代表，虽然后来证实这是谣言，但是匈牙利宪章仍然给予农民自由。

俄国人对于公元1861—1866年最大规模的解放农奴和农民运动有的充满期待，有的则充满恐惧。沙皇亚历山大一世（公元1801—1825年在位）和尼古拉一世（公元1825—1855年在位）视农奴制为罪恶，着手准备改革，但因担心改革招致反叛而踯躅不前。克里米亚战争（公元1853—1856年）失败促使新沙皇亚历山大二世、保守的贵族和大多数开化的俄国人同意解放农奴，这是摆脱俄国落后状况的必然举措。

虽然大多数解放后的农民获得部分土地，但是这些土地仍然被视为是贵族的财产，因为贵族可以回购土地。至1905年革命，俄国农民支付赎金长达几十年。奥地利政府迫于国会有关农民问题的压力，向贵族支付赔偿。由于担心农民可能会离开和剥削当地地主的劳工，担心农民会成为农村危险的无产者，最初解放的农民被限制迁徙。一些农民对此提出抗议，对改革失望，但是大多数农民只关注如何利用他们被赋予的新权利和土地。一些贵族适应资本主义农业方式，还有许多贵族失去了田产，租售给农民和城里人。

美洲奴隶解放运动

美洲的奴隶解放运动部分源自奴隶制的非人道与奴隶自己购买的合法权利之间存在的悖论。18世纪伊比利亚殖民者解放大量奴隶，以至于到1800年大多数殖民地自由男人（和女人）数量超过奴隶。在英国和法国殖民地，直到19世纪才有少量奴隶获得自由。许多奴隶逃离种植园前往废除奴隶制的殖民地，这些地方是逃奴的庇护所。国土辽阔，拥有最大奴隶种植园的的巴西成为最大的逃奴庇护所。一些逃奴庇护所抵抗政府攻击，有些则生产粮食与城市进行粮食贸易。

西班牙殖民地和葡萄牙殖民地成为不满英法殖民地统治的奴隶的逃亡目的地。法国殖民地海地的蔗糖生产在公元 1790 年位列世界第一，其奴隶制剥削最为残酷，公元 1791—1803 年解放运动时期，海地奴隶举行暴动。公元 1789 年的法国革命赋予被释放黑人和非洲人与白人混血后裔民权。海地白人、黑奴以及非洲人与白人混血人种的冲突将种植园主的注意力从奴隶身上移开。

一个名叫布克曼（Boukman）的牙买加奴隶是一名宗教领袖，他了解 85
发生在法国的大革命，他集合主要蔗糖产地的奴隶，组织暴动。公元 1791 年 8 月，奴隶暴动遍及北部地区，并摧毁了这些地区大部分种植园。布克曼在暴动中死亡，但是他的继任者，自由开化者图桑（Toussaint）领导海地起义奴隶抵抗英国、西班牙和法国军队。公元 1803 年，奴隶解放海地，捣毁甘蔗种植园。

尽管几十年来启蒙作家一直在批评奴隶制度，并要求解放奴隶，但海地奴隶的反叛促使政府加强对奴隶的控制。自 18 世纪 70 年代开始，欧洲国家和美国北部开始废除奴隶制度。海地危机触动了英国的废奴运动，废奴主义者说服议会在公元 1870 年宣布奴隶贸易非法，并在后来长达 50 年的时间里动用英国舰队来实施这一禁令。公元 1831—1832 年牙买加奴隶罢工和反抗运动促使议会在公元 1833 年通过废奴法令，解放英帝国境内的奴隶。公元 1848 年革命中法国也废除殖民地残存的奴隶制度。

企图维持奴隶制的庄园主和废奴主义者、城镇人民以及支持解放奴隶的有色人种之间爆发的冲突延宕了拉美废除奴隶制度的进程。古巴和巴西的奴隶制持续时间最长。尽管英国致力于终止奴隶贸易，但古巴直到 1864 年还在继续进口奴隶。海地奴隶的反抗对古巴蔗糖生产者有利，他们稳定地提高产量。公元 1870 年包括非洲奴隶、亚洲契约劳动者和自由人在内的古巴蔗糖工人运用新近的蔗杆研磨技术，生产 70 万吨蔗糖，占世界总产量的 40% 多。奴隶殖民地在其他农作物生产上也有竞争力。古巴和巴西的庄园主种植咖啡，巴西和美国庄园主种植棉花。

公元 1868—1878 年古巴反抗西班牙的斗争中，西班牙通过了“莫里特”（Moret）法令，解放奴隶。西班牙军队尽管镇压奴隶反抗但执行解放奴隶法令。19 世纪 70 年代在巴西广泛开展的群众运动解放了一些城市和省份，并打造“地下铁路”将奴隶运送到自由地区。这些运动以及不愿抓捕并送返逃跑奴隶的警察和军队，最终促使政府在公元 1888 年解放奴隶。这一法令最终结束了美洲大陆的奴隶制。

美洲奴隶和欧洲农奴的解放运动耗时数十年，抵制了显赫势力的强烈反对。在古巴、巴西和其他国家，奴隶的反抗促使政府无条件解放残余奴隶。欧洲及其殖民地的解放奴隶运动起初导致农业生产停滞，但随后在大多数地区农业产量迅速恢复和提高。曾经的奴隶制地区转变农业生产
86 方式，效仿欧洲和美国联合自由劳工、私有土地所有者、参与市场活动的生产者，组成了行之有效的农业生产系统。

创业之路

与早期荷兰农业的市场化转型类似，英国的“农业革命”也是经过渐进的、曲折的、局部的积累过程才得以实现，不像“革命”一词所蕴含的那样迅速。与欧洲大陆农奴制相比，这些国家的农民劳动受村庄或地主的制约较小。这导致农民竭尽全力为市场而生产。

资本主义农业的突破率先发生在荷兰。14 世纪以来，荷兰出现大量的城市人口，他们的富有和市场化需求支撑着多样化的农业生产。农业集约生产、保证市场需求的关键性创新是废除休耕——大多数中世纪的农民认为休耕是恢复土地肥力的唯一方式。从 14 世纪 20 年代开始，荷兰农民就已经掌握种植扁豆、苜蓿、萝卜和其他饲养动物的作物替代休耕，以及改善土壤墒情的知识。他们用草料、苜蓿替代粮食作物，成排栽种作物以利除草，并且使用多种肥料。这些方法需要更多的劳动和投入，因此农民不得不高价出售产品来弥补成本。16 世纪的“价格革命”导致多数产品价格提高，投入的成本也比较高昂，但是荷兰消费者总体收入较高，这使得农民有利可图。粮食作物例外，自 14 世纪中期以来粮食价格不断下跌。荷兰从波罗的海国家进口粮食支撑大规模畜牧业生产。东欧的农奴劳动保证了荷兰农民从事市场作物生产。

当荷兰农民的农业活动逐渐定位在非农产品交易生产时，他们开始购买农产品，甚至他们不再生产自己消费的粮食，从其他地方购买。早期现代农业方式与法国、德国等邻国自给自足的农业相比，更加类似后来工厂化大工业。只是荷兰农民更加关注牲畜，荷兰农民的创业之路与中国前清农民十分类似。

英国逐渐发展的“农业革命”并非一帆风顺，它持续了好几个世纪。和早期荷兰农业的变化相同，英国农业从自给自足向市场化的工业化农业体系转变。英国农业的转型源自其独特的环境。中世纪和近代早期欧洲就对英国羊毛有巨大需求。越来越多的英国地主开始效仿高产的荷兰农业模 87
式。16 世纪和 17 世纪，大型的国内市场在伦敦和其他城市出现。

为了满足羊毛需求，英国地主和农场主将农民从公地上赶走，并筑篱圈地。农场主将轮作的土地据为己有另作他用，比如养羊。一些从公地中被驱逐的无地农民最终沦为乞丐和流浪者。许多被赶出土地的农民成为被圈占土地的劳工。

地区差异也影响着英国农业的转型。在中部地区，英国农民采用传统的公地劳动方式，村庄管理农事。但是在东部和东南部，村民拥有较多的私有圈占土地，农事活动更加自由，对市场趋势做出反应更加迅速。这些地区拥有土地市场，分割继承制度，以及许多为少数大块土地所有者劳作的农民等优势条件。东部和东南部更加市场化的地主和农场主是英国农业转型的主导力量。

英国也采用荷兰方式，用饲料种植替代休耕，粮食作物和草料作物轮作，他们还发明“浸水草甸”，即在草皮四周围土防止漏水，冬天时将整块草甸沉在水下几英寸处。这种水浸原理与东亚水稻栽培方法异曲同工，产量因此增加。产出的饲料能够喂养更大型动物，供应广受好评的五花肉。

这些变化有赖于圈地运动，公元 1700 年英国已圈占农场土地为 70%。尽管人道主义者和政治家谴责圈地，农民也强烈反抗，但是为应对市场需求和环境危机，地主们继续圈占土地。18 世纪晚期和 19 世纪早期，尤其是在拿破仑战争期间，小冰川消融造成的寒冷期导致粮食歉收，引发饥荒。议会调查显示公元 1800 年全国食品总体短缺，城市骚乱者要求降低食品价格。但是议会批准了4000多个圈地法令，圈占680万英亩土地。许多地主圈占土地生产粮食，尤其是在战争期间。在苏格兰的高地清洗运动中，地主将雇农从土地上赶走，养羊以获取高额羊毛利润。

农耕方式的改进以及圈地运动提高了粮食产量，降低了粮食价格。议会里的土地所有者通过《粮食法》，对进口粮食征收关税，保护英国生产
88 者。至1846年废止时，《粮食法》成为城市和农村争论的政治焦点，因为《粮食法》使城市食品价格和工资均有提高。英国农民人数多于欧洲大陆，但只有一小部分农民迎合了城市居民的需求得以生存。他们附属于地主，承租人雇用他们做劳工。尽管粮食高产，但是劳工大多贫穷、营养不良，与一般人相比，他们智商较低、身体有缺陷。尽管这样，19世纪中期的英国农业仍然是欧洲最先进的，与其工业大国和殖民强国的地位相辅相成。

美国的农业

荷兰和英国的农业模式在美国发展到顶峰。漫长的生长期、充足的降水、肥沃的土地，美国比世界上其他任何国家都拥有更强大的农业生产潜力。美国现代农业一开始也具有商业化倾向。英国殖民者在美国东海岸定居后不久开始向英国和加勒比殖民地出售烟草，随后出口水稻、蔗糖和牲畜。

新兴的美国农业区域分明。19世纪，北部的农民向俄亥俄州、印第安那州、伊利诺伊州和密苏里州等"古老的西部地区"迁徙，直到"大平原"地区。这一地区成为"饲养场王国"，农民为城市市场种植水稻，饲养牲畜。南方则发展烟草种植园。自17世纪以来，南方农民依赖非洲黑奴劳动。他们购买少量奴隶，为他们提供充足的食物和住所，至19世纪，美国拥有的奴隶数量高于美洲任何国家，其中绝大部分奴隶集中在南方。奴隶人数以及轧棉机（将棉花与种子分离的机器）极大地提高了美国棉花产量，1801年为10万包，至1859年已经增加至540万包，能够供应工业革命时期的英国和其他地区的棉纺厂。

美国南方庄园农业具有较强的剥削性，许多奴隶反抗庄园主。然而

由于庄园主威逼利诱，以及食物和地位的诱惑，遵纪守法的奴隶通过劳动获得棉花高产。奴隶的食物主要是玉米，因此玉米种植面积高于棉花。玉米是国内经济作物，一般小型农民家庭很少使用奴隶劳动。由于玉米缺少维生素 B 和蛋白质，以玉米维生的南方人容易罹患糙皮病，这是一种能引起神经衰弱，甚至死亡的疾病。尽管南方农业高产，但是北方农民掌控着绝大多数南方棉花的加工和贸易。南方就像美国国内的殖民地一样，北方商人为内战后美国大规模工业化积累了大量财富。

美国内战，很大程度上是南方和北方因奴隶制农业生产方式发生的 89
冲突。它消灭了南方反对势力，美国农业部（USDA）随之组建，旨在传播农业知识、延伸农业服务、改善农耕方式的土地捐赠建立大学。南方最终从战争中恢复过来，重新成为棉花主要出口区。原来的奴隶成为在种植园劳动的雇农，实际欠债的苦工从事强迫劳动，获取异常低廉的薪水勉强保有耕地。

内战后，美国开发西部，成为世界上最重要的农业大国。1844—1846 年爆发的墨西哥—美国战争打开了美国人向西部挺进之门。美国内战促进了西部繁荣，美国和英国商人前往西部养牛供应军队，战争结束后，这些地区发展成为美国城市。士兵和养牛人屠杀了数以百万计的野牛，将大平原印第安人赶到保护区。养牛大亨将欧洲的牛贩运到平原地区，雇用牛仔——贫苦的南方人、黑人和白人、流离失所的墨西哥农场工人——放牧牛群，并将牛赶上火车运输出去，目的地是芝加哥的牲畜厂和其他肉类加工中心。市场遍地开花，灾害性气候等使养牛业经历了大起大落。尤其是公元 1886—1887 年的冻灾，持续四个月零下 40 度的低温导致数以百万计的欧洲种牛被冻死在平原上。1900 年养牛业得以恢复并达到生产高峰。

与此同时，内战结束后，在《宅地法》的支持下，自耕农也开始向西部迁徙，他们建造铁路，改进由约翰 • 迪尔（John Deere）发明的铁犁等工具。约翰 • 迪尔的铁犁第一次斩断平原上根系密集的蒿草。自耕农、贫农以及城市居民、欧洲移民忍受着平原干旱而难以预测的天气，经历了 19 世纪 70 年代至 19 世纪 90 年代的农业大萧条。尽管屡遭失败，他们仍然帮助美国成为世界上最高产小麦国家。

在另外一个重要地区，加利福尼亚——1850年成为美国的一个州，经历了使用最新技术的粮食“富产区”，19世纪80年代的萧条，以及种植更有价值的水果、蔬菜作物和饲养牲畜等发展历程。依靠亚洲移民和墨西哥劳工，加利福尼亚在1900年展现出巨大的农业潜力。

美国工业的发展和铁路创造出来的国内市场使得农民成为专业生产者，投入和交易都依赖外部的商业活动和机构。这些机构包括美国农业部、生产工具设备的工厂、运输产品的铁路、购买和加工产品的商人。最重要的商业公司是嘉吉公司，1900年该公司已经掌控中西部地区的粮食销售。
90 19世纪晚期的农业萧条期，农产品运费高昂，但是价格低廉，农民发起政治运动，人民党等要求降低运费提高关税。美国政府反对经济干预，嘉吉公司等因为担心遭到进口美国产品国家的报复而反对关税，这一时期美国政府几乎没有采取什么措施保护农民。

阿根廷农民是美国农民的重要竞争者。阿根廷主要的农业地区在潘帕斯，与美国的大平原地区相似。与该地区相同，阿根廷原来是畜牧国家，由阿根廷牛仔或加乌乔人管理，1879年残酷镇压印第安人的军事行动是畜牧业发展的有力支撑。与美国大平原地区一样，阿根廷也经历过严重的牲畜灾害——1900年的口蹄疫。灾役之后，阿根廷扩大了粮食种植面积，但与美国不同，阿根廷存在大量地主，却并不鼓励自耕农发展。国际交通状况的改善帮助阿根廷以较低价格将产品销售到欧洲，并从意大利和西班牙招募贫农移民到阿根廷成为雇农。他们忍受剥削和经常性的恶劣天气，但是，1900年他们将小麦种植面积扩大到1 500万英亩。移民朱塞佩·瓜松（Giuseppe Guazzone）获得土地并成为世界上最大的小麦生产者。

19世纪的欧洲

19世纪中期，欧洲农产品价格高昂，但是付给农民的薪水很低，因为欧洲大陆的工业发展不足以推动农业竞争力。这种稳定性和获利特征给欧洲解放运动提供了支撑。

科学和商业的发展促进了农业复苏，并呈现出现代化和商业化趋势。

尤斯特斯·冯·李比希（Justus von Liebig，1803—1873年）等德国土壤学家发现植物需要特殊的化学肥料。他们的研究开创了化肥行业。与美国嘉吉公司一样，专业化的公司，比如瑞士的利奥波德·德赖富斯（Leopold Dreyfus）公司和荷兰的邦吉（Bunge）公司主导着欧洲市场，业务范围从粮食扩展到新的领域。农民不断增加向这些公司出售农产品的数量。欧洲和美国工业领域引进先进技术，增加对农产品的工业需求。这些先进的技术制造了蒸汽船和冰箱，大宗商品运送更加快捷。美国、阿根廷、澳大利亚、印度都可以在国际市场上低价竞争。

各种因素相结合导致19世纪晚期爆发农业"大萧条"。竞争压低了农产品价格，农民利润下降，债务提高。美国和欧洲农民发动政治运动。尽管美国和大多数欧洲国家采取民主体制，但是他们发达而多样化的经 91
济政治促使农业满足各类人群的不同需求。

英国履行自由贸易职责，雇农除要求地主降低租金外别无选择。农民罢工并抵制租金，与企图将他们赶出土地的地主斗争。这一斗争在爱尔兰最为激烈，被称为爱尔兰土地战争。这些抗争还包括议会对雇农权利等立法改革，要求地主为雇农提高农业生产支付报酬。但是农民不能规避工业家和工人抵制食品价格上涨的浪潮。英国海军保护贸易航道，日益依赖进口食品，导致英国农民或者放弃农业生产，或者专门生产日常用品和蔬菜。英国农业和农艺教育严重滞后。

在德国，农业部门拥有更高更重要的政治地位。德国政治家担心出现依赖进口食品的情况。地主和农民都支持保护性关税。德国宰相奥托·冯·俾斯麦赞成征收关税，保护农民，避免他们被市场竞争驱赶进城成为潜在的造反工人。德国部分地效仿美国，对大多数食品课以关税，支持农业教育和研究。欧洲其他国家，如意大利和法国也效仿美国，同样征收进口关税，扩大农业教育，延伸农业体系。这一改革促进了粮食和其他作物产量的增长。

农业萧条也有一个意想不到的效果：许多大地主远离商业，被迫将土地租给雇农，势单力薄的农民还在为生计忙活。例如在俄国，解放农奴给贵族留下了比农民多得多、好得多的土地。尽管经历几次粮食歉收和饥荒，到19世纪90年代，俄国粮食出口与美国相当。增产的粮食绝大多数是农民生产的，到1910年他们拥有或租用几乎90%的农田。这就在理论上和政治上导致了小农业和大农业孰优孰劣的争论。最极端的农民辩护者是俄国民粹主义者，他们是一小群学生，为他们特权的生活建立在剥削农民的基础上而深怀负罪感。俄国民粹主义视农民为俄国未来的希望，因为他们认为农民传统的分区耕作是初始的社会主义。这些态度导致他们首先走进村庄努力劝说农民革命。当这一道路行不通时，他们发起恐怖活动刺杀亚历山大二世，尽管亚历山大二世解放了农奴。造反虽然没有发生，但民粹主义者和社会主义者依然相信俄国农村公社能使俄国越过资本主义直接进入社会主义。

92 这些观点是平均地权论的极端版本，平均地权论是欧洲和美国较有影响的思想形态，它认为农民或者农夫才真正是国家的根本。持有这种观点的人认为农民或农夫比城市人好得多，他们在土地上劳作，生产粮食和饲养牲畜来满足文明社会的基本需求，没有受到城镇、资本主义和外国人的腐蚀。这些态度也见之于艺术作品中，如法国画家米勒的绘画，作曲家用农民的民谣谱写的音乐。与早期贬低农奴的思想不同，这些观点认为在现代化的影响下原始的农民已经消失。工业化消除了农民生产的纺织品和其他商品的市场，农民仍然自认为自己的农耕者形象就是自给自足。城市的工业化并未促使欧洲农村也进入工业化社会，这一情况同样也发生在印度和其他殖民地。

殖民主义、新殖民主义与农业

欧洲和美国以外的世界其他地区到19世纪末期都曾不同程度地遭受欧洲统治，并被纳入到正在发展的世界市场体系之中。但是这些地区在农业领域仍然保留着非常明显的自主性。

在非洲，19世纪中期英国大大减少了跨大西洋的奴隶贸易。虽然奴隶制仍然存在于19世纪萨赫勒地区的索科托（Sokoto）哈里发国家——殖民前非洲规模最大的国家。索科托哈里发国家奴隶人口至少占一半，使用广泛，主要在农业领域。哈里发国家的地主、官员拥有大庄园，雇佣百计乃至千计的奴隶。庄园奴隶与欧洲农奴地位相似：他们在庄园里有自己的土地，获得庄园主提供的住所和其他供给。他们自己养活自己，但也必须定期到地主土地上劳动。与美洲种植园相比，这里的主奴关系少些对抗和剥削，但是庄园主仍然需要大量的劳力，许多奴隶逃跑，消极怠工，或者偷盗庄园主土地上的粮食。一些非洲国家情况与索科托类似，还有一些国家，如黄金海岸（今加纳），依赖自由小农劳动。

19世纪晚期欧洲列强入侵并占领非洲大片地区。各国财政拒绝为非洲的发展投入资金，因此殖民地当局必须寻找非洲商品支付殖民地发展资金。欧洲列强兴办矿业和农业，主要是种植用于出口的经济作物。早在殖民之前非洲粮食生产已经用于本地贸易和出口，但是欧洲对经济作物的需求在时间、劳力、物资上都存在问题，尤其是在稀树草原地区，农民花 93
费大量时间种植赖以为生的粮食。通常情况下，女人干农活，男人干其他的活，或者在农忙时节每个人都参与劳动。经济作物种植制约着生产劳动，进而关系到生存。

在一些地方，非洲人积极且成功地回应市场需求，尤其是种植适应环境条件的粮食作物。在一个非洲庄园主的倡导下，黄金海岸发展可可出口业，可可产值从1900年的2.7万英镑增长到1925年的820万英镑，成为世界上最大的可可出口国。非洲人也生产大量其他种类的作物，尤其是油料作物，第一次世界大战前殖民地为欧洲生产的商品显著增加。总体而言，英国推行的间接统治政策起初并没有改变既有的经济模式。

另一方面，一些殖民者努力“重塑”非洲的经济和文化。在东南非的坦噶尼喀（Tanganyika，今坦桑尼亚），德国东非公司实行间接统治，增收重税，强迫村民种植棉花用于出口，这就威胁到传统的农业活动和生存方式。这激起非洲人的反抗，因为受到水（斯瓦西里语“玛吉”）能抵御子弹侵袭这一信条的蛊惑，1905年在坦噶尼喀东南基尔瓦地区爆发了反对棉花种植的玛吉—玛吉起义（Maji-Maji）。德国人镇压起义，摧毁非洲粮食生产，人为制造了长达两年的饥荒。此后德国政府对起义采取更加容忍的态度，但是这次起义成为殖民地农业悲剧的一个极端的先例。

在非洲殖民地，一些欧洲公司垄断经济作物出口贸易。一些人在殖民地开办企业，如大英帝国利华兄弟肥皂公司在刚果和所罗门群岛建立自己的棕榈油庄园。这些殖民地企业与欧洲和美国的大型粮食贸易公司遥相呼应。

与其他地区殖民方式一样，东南亚广袤地区在19世纪遭受到欧洲的殖民统治。荷兰帝国在印尼的殖民统治就是例证，只是荷兰殖民者应对环境的变化对殖民地适度剥削。荷兰政府通过荷兰东印度公司（VOC）对印尼实行统治，17—19世纪，东印度公司的经济和军事实力日渐下降。为了弥补成本，1830年荷兰正式引入强制种植的政策，称耕作制度。要求农民用20%的土地种植经济作物，通常是甘蔗、蓼蓝和咖啡，并且为政府工作两个月来种植这些作物。

到19世纪40年代农民生产了众多经济作物，"爪哇"甚至成为咖啡的通用称谓，印度尼西亚成为古巴蔗糖的强劲竞争对手。荷兰政府从印尼
94 殖民地掠夺的收入占荷兰全部预算的三分之一。这些现象对农民的影响是多方面的，也是不明确的。然而1844—1848年的失常季风对粮食作物破坏严重，荷兰当局减少种植需求并提供饥荒救济。19世纪50年代，对压迫农民和关闭印尼私人投资的耕作制度的批评日益增加，荷兰政府最终废除这个制度。殖民当局取消种植义务，印度尼西亚对私营业主开放。1870年当局取消甘蔗强制种植，1915年关闭政府最后一个咖啡庄园。

南 亚

18世纪、19世纪英国占领印度时期，英国统治着众多形态各异的农村社会，在许多西方人看来，这些社会十分原始落后。然而部分殖民官员深知早期政府和印度农民具有解决各种环境和经济问题的能力，比如灌溉。

英国政府和殖民当局面临的问题是，英国国内工业需要低价原材料和食品供应。议会不愿在新兴殖民地花费钱财，希望它自给自立。印度渐渐地为英国提供税收、低价原材料，销售英国商品，成为英国财政收入的来源之一。印度农业和农民成为实现伦敦经济目标的主要力量，因为他们有众

多人口，也因为英国人不希望印度手工艺产品与英国产品竞争。

1858 年，英国殖民当局通过英国东印度公司（EIC）在印度征收的重税和其他款项已经达到印度人能力的极限。1769—1770 年，在东印度公司总部孟加拉，一场严重的旱灾对农作物生长造成严重破坏。由于许多农民少有或没有粮食储存，因此酿成印度历史上最严重的饥荒。孟加拉 3 000 万人口中，有三分之一死亡。几次农业税收体制改革的尝试失败后，1786—1793 年东印度公司新总督康华里（Cornwallis）勋爵认为印度需要的是财产安全和稳定的税收以提高农业生产效率。为此，1793 年他签署了《永久定居法令》，将孟加拉的印度地主界定为地主，拥有土地，并永久固定他们的税负义务。康华里和他的支持者们坚信稳定的赋税能够激发印度地主投资土地的决心，从而增加产量。

改革的效果不一而足。根据《永久定居法令》，政府设立土地市场，将不能支付赋税的印度地主的土地进行拍卖。印度官员和富有的城市居民
购买土地，成为不在地地主，劝说农民租户种植经济作物。《永久定居法令》 95
也存在诸多问题，后来英国占领者和官员在新占领地区实行“游特瓦里”（*ryotwari*）税收制度，政府向每个农民租户收税。这一制度同样存在不少问题，表现为英国殖民当局人手紧张，印度地方官员腐败。

根据这两个税收制度，东印度公司收取高额赋税，迫使农民将有限的土地用于种植经济作物。印度一些农业部门种植经济作物，获利颇丰。孟加拉一小部分特权农民种植罂粟，生产药用和休闲食品鸦片，罂粟早在亚历山大大帝时期就已经传到印度。17 世纪东印度公司开始出口、走私鸦片到中国、东南亚以及英国本土。出口量从 1767 年的 100 多吨增长到 1837 年的 2 000 吨。

对于其他种类的粮食生产者而言，英国的统治对农民和地主都课以重税。因为憎恨英国税收和其他政策，1857 年“蓝靛（或蓝色）兵变”（Indigo or Blue Mutiny）爆发。起义者中包括地主，如恒河中游奥德（Oudh）地区的自耕农（*talukdars*），英国殖民者曾在 1856 年剥夺他们的土地。一些时期农民承担的英国赋税额度远高于地主。他们往往向贪婪的“马哈扬”（*mahajans*）或放债人借钱，马哈扬和放债人借机霸占他们的土地。1857

年这些农民在积怨甚深的地主领导下发动反抗英国殖民者的大起义。在孟加拉和旁遮普等其他地区，农民和地主却受益于英国的政策，站在英国殖民者一边反对试图恢复旧传统的起义者。

1857 年印度民族大起义被镇压之后，在孟加拉，一场酝酿已久的与蓼蓝有关的冲突爆发，蓼蓝是印度一种古老作物（蓼蓝名字源于“印度”），1800 年时已经是英国蓝色染料的主要来源。1850 年代，蓼蓝种植者和加工工厂控制了从印度地主那里租借或购买的土地，雇用军警（*lathiyals*）——使用一种被称为警棍（*lathis*）的金属头长棍武器的士兵——殴打或威胁农民种植蓼蓝。孟加拉律师和印度地主无力阻止土地的滥用。1859 年农民开始袭击种植者的工厂，把种植者告上法庭。1861 年他们已经摧毁孟加拉蓼蓝种植业。其他邦继续生产蓼蓝，但是种植者从“蓝靛兵变”中汲取教训，尽量避免此类事件发生。

民族大起义之后，由于铁路的扩张渗透，印度经济被纳入正在兴起的世界经济体系中。英国人努力增加印度的棉花和小麦产量以弥补其他地方产量不足，稳定价格。19 世纪早期英国从南美洲获得大部分棉花原料。
96 美国内战中，北方对南方的封锁导致棉花供应减少，英国棉纺厂大批解雇工人，被解雇的工人忍饥挨饿，境遇悲惨。悲观的工业家和英国殖民当局同时发现印度适合种植棉花。中南部贝拉尔邦的税官和放债商人诱使农民种植棉花，但是英国人压低购买价格，以至于棉农都是衣衫褴褛。

在中印度的讷尔默达河流域（Narmada），铁路延伸到这里，小麦出口成为现实。当地放债商人劝说农民种植小麦，并且征调无力偿还贷款的农民的土地。19 世纪 80 年代小麦生产进入繁盛期，农民扩大种植，1887 年，英国人发布命令，称由于这一地区的土地价值提高，因此相应提高土地赋税。1891 年来自阿根廷和旁遮普的粮食进入市场，讷尔默达出口链条断裂，农民身陷放债人和政府的债务之中。1905 年讷尔默达地区粮食供应已经依赖进口。

尽管存在这样那样的危机，19 世纪印度的农业大体呈现缓慢增长的趋势。然而经常性的干旱——可能是全球变暖的结果——以及洪灾、蝗灾等其他环境灾害严重破坏了粮食生产，导致饥荒，造成印度多个地区大量人口死亡。1837年，1876—1878年和1899—1901年大饥荒多次爆发，其他年份也发生过程度略轻的饥荒。英国的税收政策削弱了贫困农民和劳工抵御灾害的能力，许多英国官员接受古典政治经济学的观点，认为饥荒期间政府援助削弱了农民的自立能力，可能使局势更加恶化。政府主要的救济项目是开展公益工作，接受救济就意味着被救济人必须工作一整天以换取救济份额。这些项目只惠及少数饥民。英国还在某些情况下抵制进口食物，但允许向饥荒地区出口粮食。

英国殖民当局采取各种措施减轻或者防止饥荒发生。从19世纪20年代开始，英国殖民当局明确提出，为了减轻旱灾和饥荒，提高粮食产量，一方面恢复旧的灌溉系统，另一方面建设新的灌溉系统。1857年后，由于部分得到农民税收和饥民公益劳动的支持，这些计划进展迅速。到20世纪初期，六分之一的印度耕地都已经从中受益。1876—1878年大饥荒后，1879年，罗伯特·布尔沃—利顿督抚（Robert Bulwer-Lytton）成立饥荒委员会，这是印度历史上第一个此类机构，第一次制定有关饥荒的几部法令，指导政府制定政策应对危机。饥荒时期利顿的公益活动包括修建水坝，扩建印度灌溉系统，他认为这是印度生产剩余粮食、预防饥荒的必备条件。

19世纪80年代开始，殖民当局和各邦农业部门一道致力于提高印度农业生产水平，培育新的粮食品种，改善设备，1905年成立帝国农业研究 97
委员会指导研究。这些措施在20世纪发挥了巨大作用。

饥荒后，或者在相对适宜的条件下，农民也向当地放债人借钱支付赋税，购买食物以及满足其他需求，当粮食歉收或价格低廉使他们无力偿还借款时，他们只能将土地抵押给放债人。许多农民沦为契约劳工，1800年契约劳工已经很普遍。英国殖民当局阻止契约劳工的努力成效有限，因为契约关系通常十分隐蔽。

中 国

中国农业具有两重性。中国古代是世界上最大的农耕社会，拥有私有化的土地和市场，丰年粮食收成高。然而中国极易遭受自然灾害的侵袭，尤其是失常季风引发的旱灾和裹挟泥沙的黄河引发的洪灾。这时境遇悲惨的人民需要政府有效地介入,政府无能为力或胡乱介入可能招致大规模反抗。

18 世纪清王朝有充足的机构和理由来应对许多灾害和粮食歉收,依靠常平仓制度帮助农民。然而 18 世纪末期,清政府内具有中国特点的贪官肆意增加赋税、减少粮食储备。1796 年一个秘密的组织白莲教为反对重税在中国西北部起义,得到农民的广泛支持。政府耗时 8 年时间,采取封锁村庄等手段才镇压了起义。白莲教起义是不断增加的信教农民反抗衰弱政府的典型范例。

1800 年,当时中国有两个主要农业产区:北方种植粮食作物,实行土地私有制;南方种植经济作物,多采用租种土地形式。两个地区的农民经常面临经济衰退问题,被迫向放债人借钱。中国农民还面临着日益增多的环境问题。清朝前期政局稳定、经济增长,人口增加,农民向北部和西部未开垦地区迁徙。1820 年这些地区的大部分森林消失。这明显增加了土壤腐蚀和水土流失的速度,两个世纪里政府也未修缮河流水道。19 世纪 30 年代末期,洪水开始泛滥并日渐严重,1855 年黄河漫堤并从山东半岛南部改道几百公里至山东半岛北部出海,毁坏了数以千计的村庄,夺去了成千上万农民的生命。

98 农民数量的增长也迫使他们分割小块土地。许多土地开始种植棉花或桑树(养蚕)等经济作物。尽管小块土地不能生产足以维持生计的稻谷,但是有了这些经济作物,他们依然可以获得足够的收入养活自己。当粮食歉收时,他们更加需要政府常平仓的帮助,然而清朝当局日渐无能,贪官增多。尽管清政府要求充盈粮仓,但调查发现,粮仓存储量极少,甚至空空荡荡。1848—1849 年南方爆发饥荒,官员利用粮仓中的存量投机倒把,引发农民起义,政府不得不调集军队镇压。

这是中国南方爆发太平天国运动(1851—1864 年)的背景。领导起义的洪秀全出身农民家庭,他在科举考试中失败,未能走上仕途。在西方传教士的影响下,洪秀全成立了中国的基督教式的秘密组织,其平均主义思想和情绪诉求吸引了数以百万计的追随者。洪秀全的追随者包括因黄河改道而流离失所的农民、政府未能救济的饥民，在市场竞争中不能谋生的贫苦农民和劳工、来自贫困农民家庭的妇女，以及其他许多因清政府腐败而难以生存的人。

太平天国运动本质上是一场农民运动，在思想上倡导平均主义，尤其是承诺均分地主土地。虽然太平天国武装控制了南方大部分地区，但还是沿用大清体制。地主被驱逐后，太平天国官员赋予农民拥有土地的权利。但是，如果地主还拥有土地，太平天国官员则要求农民向地主支付租税。与清政府一样，太平天国也征收高额赋税和实行其他役务。这些妥协措施导致起义军失去农民的支持。中部另一支农民起义组织捻军（Nien）坚持与清政府斗争，长达十余年。

尽管大量农民参加了这两次起义，但农民的境遇并没有得到改善。相反，起义进一步削弱了日渐衰败的清王朝及其政府机构，比如粮仓。在与日本和西方列强的斗争中失败进一步削弱了清王朝的统治，中国大面积国土落入外国帝国主义统治者之手。1867—1878 年、1899—1901 年，中国遭遇由厄尔尼诺现象引发的饥荒，贪污腐败的清政府如同上个世纪一样无力应对饥荒。进入 20 世纪，中国国力更加衰微，与西方的差距越来越大。

中 东

中东地区与中国相似，也是一个由日渐衰败的帝国统治的地区，农业
经济占主导地位，也面临着欧洲列强的扩张威胁。埃及是这一地区最重要 99
的农业国。17 世纪、18 世纪，埃及是奥斯曼帝国的一个省，由督抚和马木路克地主统治，他们残酷剥削农民，农民被迫逃离土地。但是埃及仍然是奥斯曼帝国重要的粮食产地。法国大革命期间，埃及还在丰年出口小麦。

1811 年，新任的奥斯曼帝国督抚穆罕默德·阿里（Muhammad Ali）开始推行埃及西化计划，无情地屠杀马木路克。为支付欧洲进口商品费用，他强迫农民种植长绒棉用于出口。他的继任者继续实行这一措施。棉花产量虽然大幅增长，但是在厄尔尼诺现象引发的尼罗河洪灾以及 1876—1878 年饥荒爆发时，农民得到政府的帮助很少。农民入不敷出，已经无力

支付政府征收的赋税，为了偿还放债人的债务，大多数农民不得不在地主的棉田里劳动。农民对放债人的不满是引发19世纪70年代奥拉比（Urabi）起义的主要原因，起义推翻了埃及统治者，导致英国成为埃及的保护国。

在英国保护国统治下，几十年间，棉花种植园沿用 *exbah* 制度，根据这个制度，农民在庄园中种植棉花，作为交换可以领取一小块土地。有的地主和帕夏会提前支付农民工钱，让他们在种植园居住。赤贫农民无力偿还债务，他们除了在棉田里工作抵押债务外，一无所获。埃及农民的境遇与美国内战后南方黑人雇农相似。尽管这样，埃及棉花出口量迅速增长，成为美国棉花出口的竞争对手。另外，埃及农民也种植甘蔗和其他作物。

19世纪末期的拉丁美洲：新殖民主义，香蕉共和国，以及贫困现象

民族解放运动和独立运动后，拉丁美洲农业经济中虽然存在许多小土地主，但庄园经济和大地主依然占据主导地位。在拉丁美洲本地传统的高产作物——古巴的甘蔗和巴西的咖啡——种植中，地主是主要的获利者和出口生产者；他们在政治上统治这些地区。矿业和手工业虽然得到发展，但其政治地位并不重要，直到大萧条时期，这些国家才不得不实行经济多样化改造。

墨西哥农业体制与绝大多数拉美国家一样。1821年墨西哥赢得独立
100 后，墨西哥领导人在19世纪自由主义思想指导下恢复国家经济，自由主义思想赞成私有财产和民权。改革包括将天主教会和农民村庄的土地私有化，但是由于政府的软弱，以及教会当局、农民和保守势力的反对，这些措施难以执行。1856—1859年，一个由农民出身的本尼托·华雷斯（Benito Juarez）领导的自由新政府在“改革”运动中颁布一系列强制法律。其中包括1856年的《莱尔多法》（Ley Lerdo），要求教会将大部分土地和村庄私有化或者出售。这一法律激怒了保守势力，引发了“改革战争”（1858—1860年），政府最终将教会土地国有化或出售。

这一法律也适用于传统农民村庄土地，农民称之为“公田”。墨西哥立法者利用《莱尔多法》获得自己的私有财产，因为农民没有土地所

有权的合法记录，地主和投机者利用这部法律剥夺农民土地。在土地吸引力不足的地方，一些村民设法规避这些法律，在土地吸引力较大的地方，富裕的墨西哥人和外国人，尤其是美国商人将农民从土地上驱逐。在波菲里奥·迪亚斯（Porfirio Diaz）将军统治时期（1876—1911年），这一措施进一步强化。农民起初用法律武器抵制征用土地，但是法律的偏见和司法系统的腐败导致农民暴动，地主和政府动用军队进行镇压。

大多数农民因债务沦为殖民时期残存的庄园中的散工。庄园生产粮食作物和供应墨西哥国内市场的产品，出口受到限制。庄园向农民提供小块土地维持他们生计，也采取预付现金的方式征召劳工，将散工紧紧绑缚在土地上，直到偿还债务为止。在墨西哥北部和中部，庄园迫切需要散工工作，散工借机提出以劳动换取提前偿还债务的条件。地主抱怨散工要求提前偿还债务，但是他们从未打算付清债务。19世纪末期，债务奴役在墨西哥北部消失。

在墨西哥南部，许多庄园盘剥散工，不断引发暴动。在尤卡坦地区，农民种植黑纳金——一种厚叶植物，含有剑麻纤维，用来制造美国牧场和工业大量需求的合股线。迪亚斯时期，出口黑纳金产量从4万包增加到60万包，每包重350磅。剑麻种植者都是富有的百万富翁，他们利用《莱尔多法》使尤卡坦地区的玛雅农民沦为欠债的无地劳工，带着脚镣手铐长时间在恶劣条件下工作。这一地区粮食作物产量下降，剑麻种植者不得不进口粮食。剑麻种植泛滥导致玛雅人反抗剑麻种植者和欧洲人的阶级战 101
争爆发，持续达五十年。类似情况在莫雷洛斯甘蔗庄园也比较普遍。尽管法律明令禁止使用奴隶，但是墨西哥南部仍有75万名奴隶在这些庄园里劳动。墨西哥南部的其他庄园，比如恰帕斯州咖啡种植园，基本不需胁迫就可以从附近的谢拉（Sierra）山区印第安部落中招收到移民劳动力。

在其他许多拉美国家，贫困和无地的农民也同样在地主庄园里生产出口粮食作物。庄园主通常是来自美国和欧洲的投资者。地主用政治手段将这些国家定位为出口产品生产国，迫使这些国家依赖海外市场，这一关系被称为“新殖民主义”。庄园所有者用极少的支出，甚至胁迫劳动力劳动积累财富，尽管他们的生产手段已经十分现代化。

科学与农业商业化

19 世纪的农业生产已经逐渐放弃依赖奴隶劳动，农业科学家也首次对农业生产的生物和化学变化过程有了系统认识。农业科学的创新者包括研究者和实践者。1828 年土壤学家卡尔·斯普林格尔（Carl Sprengel）证明作物生长需要某些化学物质，养分不足会阻碍作物的正常生长。尤斯图斯·冯·李比希（不认同斯普林格尔的观点）称之为“最小量法则”。李比希在其多次再版的经典《组织化学在农业和生理学中的运用》（1840 年）一书中首次对农业化学做了详实分析。李比希时代另一个重要人物是 19 世纪奥地利教士格雷格·孟德尔（Gregor Mendel），他对豆类植物遗传模式的研究创造了现代遗传学。

早期农业商业化研究的典范是氮肥。19 世纪 20 年代欧洲农民注意到粮食因土壤肥力衰竭而减产，努力利用化肥增产。冯·李比希从化学角度解释并发现了肥力衰竭的原因，他在有关农业化学的著作中论述了英国社会推进科学的责任。德国自然科学家亚历山大·冯·洪堡（Alexander von Humboldt）发现 1800—1804 年秘鲁农民使用钦查岛（Chincha）海滨的鸟粪增产。粉状鸟粪样品在欧洲试用后，证明确实对增加肥力有效。英国政府马上宣称对钦查岛拥有主权，并雇用潦倒的中国人以自由劳工身份——实际上如同奴隶般——在岛上开采鸟粪。可以想见，长期处在这种
102 环境里会导致呼吸系统、肠道、眼睛和皮肤系统疾病。许多人自杀或吸食鸦片。工头用皮鞭督促他们劳动。19 世纪 70 年代岛上鸟粪储量几近枯竭，此时英国人雇用中国劳工已经开采了 1 300 万吨鸟粪。

1856 年美国国会通过《鸟粪岛法案》。1900 年，美国商人为了寻找鸟粪，在世界范围内对 91 座岛屿宣誓主权。19 世纪 80 年代美国从海地获得一座岛屿，征用劳工开采鸟粪，这些劳工的待遇与奴隶几无二致。几年后劳工反抗，杀死监工，1887 年马里兰州法院裁决这些劳工犯有谋杀罪。报纸对这些劳工的工作条件进行了详细描述，人们呼吁法院推翻以前的判决。最终，暴露的鸟粪中的氮化合物被过滤分离，所有劳工的努力和遭受的苦难都付之东流。

丧失肥力的土壤研究依然十分重要。美国早期社会科学学者亨利·

凯里（Henry Carey）认为农村和城镇间长距离的贸易导致土壤肥力衰竭，冯·李比希认同这个观点。这一观点影响了很多人，包括革命家卡尔·马克思和弗拉基米尔·列宁。他们都批评“资本主义”农业割裂城镇和农村，浪费土地，忽视来自城镇的肥力资源。他们显然不知道中国人利用这些废物，包括人的“粪便”，导致寄生虫病蔓延，阻碍了中国农业经济的发展。

实践者也在仔细观察，更多地运用农业研究成果发展新兴农业产业。18 世纪英国牧场主罗伯特·贝克威尔（Robert Bakewell）饲养的羊和牛的味道比从前的品种更好。19 世纪末期美国植物学家路德·伯班克（Luther Burbank）开发了 800 多种新植物品种。19 世纪末期最为重要的牲畜品种是国际杂交的新品种。在 16 世纪哥伦布交换体系中，来自遥远地方的大量动植物成为这些地区的代表品种，出现在它们从未出现过的地方，比如南美的牛和爱尔兰的马铃薯。19 世纪末期，实践者利用来自边远地区的同一种植物的不同品种解决老品种产量低下问题。

以法国葡萄为例，研究发现葡萄产量下降由蚜虫状的葡萄根瘤蚜虫引起，这种葡萄根瘤蚜虫由美国传入到法国。1880 年这种葡萄根瘤蚜虫已经摧毁了法国、西班牙、意大利和阿尔及利亚的葡萄园。研究发现加利福尼亚的一种葡萄对此虫有抵抗力。欧洲的葡萄种植者引进加利福尼亚葡萄与本地葡萄嫁接，所形成的新品种既保持了本地葡萄的特征，又能够抵抗葡萄根瘤蚜虫。此后，全球葡萄种植者都首选加利福尼亚葡萄对抗葡萄根瘤蚜虫。

另外一个例子来自美国大平原，这里的农民经常遭受极寒天气、干旱和枯萎病威胁，造成粮食歉收，农民失业。枯萎病主要是黑秆锈病，随风传 103
播的病菌造成粮食减产，1877 年堪萨斯州粮食产量与正常年份差距极大。1880 年代来自俄国的门诺农民从土耳其携带红麦移民美国，这个品种能够治疗枯萎病，为此美国农业部的农业专家马克·阿尔弗雷德·卡尔顿（Mark Alfred Carleton）从中亚草原引进库班卡（kubanka）小麦。这两个品种比美国本土品种的耐寒，抗旱和抗锈病能力更强，但它们是硬质小麦，美国现有的磨坊无法将其碾碎，制作面食。多数美国小麦是柔软的春小麦，适宜做面包。卡尔顿以一己之力劝说美国磨坊主发展钢辊轧机磨坊，欧洲面食生产商从美国购买硬质小麦，美国消费者尝试食用硬质小麦面食。尽管黑秆锈病导致其他小麦品种几乎颗粒无收，但是1904年库班卡小麦大丰收，俄国硬质小麦从此成为美国农业的代表作物。

作为19世纪全球贸易和市场扩张的一个组成部分，农产品贸易也发生明显变化。历史上多数时期，农民依靠中间商或自己售卖少量粮食。农民对中间商心怀敌意，因为他们的农产品报价很低，但是却高价卖给城镇居民。政府调控措施也偶尔惩罚中间商，指控他们哄抬物价，可能引发食品骚乱。18世纪末期，政治经济学家亚当•斯密在《国富论》中认为，粮食匮乏时期粮食价格提高可能导致食物配给制度出现，从而引发其他粮食贸易者降价竞争。据此，英国官员在1794—1795年和1799—1801年的饥荒时期，告诫抗议高物价的贫困民众，“政治经济学”要求政府不要干涉自由贸易。威廉•科贝特（William Cobbett）等支持穷人者反驳道:“道义经济”要求食物价格应该是穷人所能承受的价格。

在自由市场与穷人利益发生冲突的早期，19世纪初期，大型粮食和其他农产品加工和贸易企业开始出现。冲突中的获胜者对世界食品交易拥有支配地位。他们也是农民——数量日渐减少的粮食生产者——和城镇居民——不生产食品，但是占人口大多数——之间的中介。这样的企业有两类，贸易企业和加工企业，当然也存在两者重叠现象。

最重要的农业综合企业是粮食交易商——大陆、德雷福斯、邦吉和嘉吉公司等。最初这些都是本地的小型贸易企业，凭借有效的策略，加上一点运气，这些公司打败竞争对手。世界农业经济的发展趋势是帝国主义以及科技进步促成的工业化的食品加工业。全球棉花、食用油、椰子和可可
104 等热带产品和畜牧产品的出口增长，都对食品加工提出很多要求。一些从事运输和加工的企业规模很大。20世纪早期，利华兄弟公司——一个肥皂生产企业——介入非洲出口产业，在帝国主义盛行时期主宰非洲油料作物和其他作物的出口市场，成为世界三大食品公司之一。

结论：19世纪的世界农业及其历史

19世纪的农业摆脱了中世纪的痕迹，迅速成为主导行业，其主要特征

是：大规模生产、世界市场、广泛的贸易和集中的贸易和加工企业。但是农业仍然具有双重剥削特征。自然灾害折射出全球气候变化特征，如厄尔尼诺一南方涛动现象和气候变暖等，它在 19 世纪最后几年对几个主要地区的农业造成严重破坏，并对其他次要地区的农业造成潜在影响。国际和国内市场的繁荣与萧条起伏跌宕，给众多农民造成致命打击，迫使他们交出土地沦为劳工和债务散工。危机引发大规模反抗运动，农民在其中发挥着重要作用。在欧洲发达国家，尽管农奴获得解放，农民和地主的政治权力反而削弱。虽然农民赢得了他们梦寐以求的政策支持，但是他们的成功仅反映了其他更加强势的政治集团的利益，农业也借此成为几个特殊利益行业之一。

这一时期充斥着政治经济冲突与变革。即使在美国，政府也因为工业经济的利益需求不得不依赖贫困的农民和落后的农业部门。农民自身也想从废除奴隶和农奴制之后形成的新的隶属关系中解放出来。舆论批评政治领袖应对饥荒负责。改革是必然的，可能以不同寻常的方式推进。

19 世纪农业社会的演进表明农业在世界经济中具有重要地位。尽管英国和其他发达国家的工业产值超过农业，农业仍然是大多数工业社会的基础。例如，英国成为“世界工厂”和工业强国。政治家和工业家主张通过自由贸易来构筑经济，英国需要强权来满足自己的需求。工业制造了货船、军舰、煤和通信产业，但是英国农业衰弱，大部分食品依赖进口。亚历西斯·德·托克维尔（Alexis de Tocqueville）等深谋远虑的评论家指出，未来世界大国一定是陆地大国，像美国、俄国和巴西，因为它们首先能在农业生产中养活自己。

延伸阅读 105

除了前面几章列出的资料外，以下有关 18 世纪、19 世纪主题的著述也有帮助。

欧洲部分，见：B.H.Slicher van Bath, *The Agrarian History of Western Europe*（London: Edward Arnold, 1966）; Mark Overton, *Agricultural Revolution in England*（Cambridge: Cambridge University Press, 1996）; J.V.

Beckett, *The Agricultural Revolution*（London: Blackwell Publishers,1990），有大量重要资料。

美洲部分，参见：Gilbert Fite, *American Farmers: The New Minority*（Bloomington, IN: Indiana University Press,1981）; Douglas Hurt, *American Agriculture: A Brief History*（Ames, IA: Iowa State university Press, 2002）; James R. Scobie, *Revolution on the Pampas: A Social History of Argentine Wheat*（Austin, TX: University of Texas Press,1964）。

南亚部分，参见：Mike Davis, *Late Victoria Holocausts*（London: Verso, 2001），这本书某种程度上过于强调事例；Blaire Kling, *The Blue Mutiny*（Philadelphia, PA: University of Pennsylvania Press, 1966）; Tirthankar Roy, *Economic History of India, 1857-1947*（New Delhi: Oxford university Press,2000）。

第六章

农业与危机(1900—1940 年)

20 世纪,农业现代化是世界各国政府和社会的核心目标。这个农业 106
发展方向源自历史上两次广泛的农业产业变革:20 世纪早期的经济和政治危机以及 20 世纪晚期的经济竞争。历史上从来没有发生过政府内外的多个集团如此坚决地推行提高农业生产和农民生活水平的措施。但是,从前也从来没有如此众多的农民放弃农业生产前往城市中工作和生活。古老的双重剥削程度有所缓解,有所变化,但是仍然存在。

20 世纪早期,农业在经济和政治危机中发挥着核心作用。这些危机往往促使政府、商人和公共组织大力改革农业生产体系,甚至整个农业社会。这些组织机构的目标是解决粮食供应问题,改善农村经济和农村生活。但是,多数情况下,目标高于实际执行能力,众多国家企图通过剧烈的改革,甚至革命改变农业,改变它与农业社会之外的那些社会组织的关系。

本章第一部分将讨论整个 20 世纪——本章及下一章的论述年代——的环境变迁。这个时期的环境史记录以及对环境的认识好于之前的时期,也有相应的政策支持农民的生产活动。其余各部分将探讨主要的农业发展趋势以及第二次世界大战之前 20 世纪农村生活的决定性转折点。

20 世纪的环境与农业

1900 年以来,农业发展必须适应 19 世纪开始的全球气候变暖、冰川冰盖消融速度加快现象。气候变暖引发的问题以及农民的一些不良行为是严重灾难的罪魁祸首。在北美，美国和加拿大农民为了满足第一次世界大战时期日益增长的需求，为了应对20世纪20年代的物价下跌危机，在
107 大平原地区建立密集农业产区，以期提高粮食产量，但是导致土壤变干退化。1930年极其严重的“南方大干旱”之后，1932—1934年沙尘暴又导致夏季炎热干燥。风暴卷起的尘土蔓延数千英里，导致农业生产甚至人的呼吸都十分困难，成百上千人逃离这个地区。在对沙尘暴成因进行深入的科学分析后，美国和加拿大政府利用这些研究成果帮助农民渡过20世纪50年代爆发的旱灾。

20世纪严重的旱灾席卷众多国家，对政府的资源储备和执政能力提出严峻挑战。苏联不断遭遇干旱和饥荒问题；政府组织救济，进口粮食。中国在这个世纪里先后爆发20次旱灾，1921年、1928—1930年以及1940年更是连续遭灾，导致粮食歉收、饥荒爆发，数百万人死亡。印度在1941—1943年、1951年和1965—1966年爆发一系列严重旱灾；政府采取救济措施，大量进口粮食。20世纪70、80年代，在非洲稀树草原和撒哈拉沙漠之间的萨赫勒地区持续爆发旱灾。爆发旱灾的原因既有天气因素，也与经济作物生产将游牧民驱赶至北方草原有关。多数发达国家采取饥荒救济、发展援助的措施。

部分地区遭遇严重的洪水侵袭，比如1931年和1959年的中国，1942年的印度以及20世纪70年代早期孟加拉遭遇的龙卷风。但是气候变化的主流仍然是变干变暖，这是长期的气候变暖和人类活动造成的恶果。水土流失——全世界一半的森林被砍伐用于农业生产或者兴建城市——致使森林的冷却效应消失，农业产区扩大导致土地质量下降。原热带雨林地区的土壤缺少有机质，土壤质量急剧下降。土壤恢复需要数十年的辛勤工作、大量的肥料和灌溉工程。

20世纪农业发展以及世界历史发展进程中，动植物病虫害也造成一定的影响，但是基本可以忽略。真菌病，比如锈病导致粮食严重减产，导致20世纪30年代早期苏联饥荒和1942—1943年孟加拉饥荒。1939—1941年，锈病侵袭墨西哥，墨西哥官员不得不向美国求助。这促使高产物

种（HYV）发展，绿色革命发生。防治动物疾病并不需要动用更多的公共资源，但是历史上最为严重的动物疾病 BSE 或称“疯牛病”使国际社会长期处于紧张状态。

20 世纪早期的农业危机

1900—1940 年，世界农业经济和农业社会经历了一系列复杂的经济、社
会和政治危机。各国政府采取了一系列史无前例的措施，其中多数至今仍然 108
在执行。欧洲和北美危机的影响尤为重要，因为美国经济和农业占据全世界主导地位，也因为欧洲国家和殖民地控制着世界主要农业产区。

1914 年，西欧大部分地区，特别是大英帝国和德国主要依靠粮食进口。欧洲粮食来自美国，加拿大、阿根廷和澳大利亚，进口量不断增加，另外还从相对贫穷落后的经济体和殖民地，如俄国、印度、南亚和墨西哥进口粮食。

政府官员和知识分子预见到这种粮食依赖可能削弱英格兰和德国的实力，削弱应对日益逼近的战争的能力。出口地区依赖复杂的内贸和分配体制。旁遮普地区生产的剩余粮食供应印度大部地区。美洲大平原生产的粮食和肉类供应美国和加拿大城市。在俄国，乌克兰出口的产品数量更多，因为这里靠近黑海港口。伏尔加盆地的大村庄向俄国中部输送产品。中国的农业规模很大，但是粮食储备有限，应对自然灾害的能力十分脆弱。

20 世纪初期，农业从 19 世纪末的萧条中逐渐恢复。农产品价格上涨，贸易范围扩大。经济学家确认这个时期美国农民从农产品销售中获得的利润与从事等量劳动的城市工人的收入持平。这与美国政府在大萧条及之后给予农民的价格支持和其他补贴政策有关。

尽管如此，20 世纪初欧洲国家和美国的农业与日益发达和现代化的工业相比，仍然处于落后状态。英格兰领主地位下降，雇农获得了前所未有的权利。低价进口粮食导致市镇的日常产品销售成为农业的主要获利来源。1908 年，美国总统西奥多·罗斯福设立农村生活委员会推行农村现代化政策，根据城市标准提高农民的住房和教育水平。美国政府还支持农业科学和农业经济等领域的研究。

欧洲和众多殖民地的农民日益融入城市和世界经济。众多法国农民购买面包和衣服(并不自己种植和制作)。德国农民被纳入20世纪早期确立的社会福利体系。非洲殖民地的农民甚至开始主动生产可可和咖啡供应城市和欧洲市场。具有讽刺意味的是,在欧洲农民日益抛弃传统的时候,学者开始出版正在消失的民间故事,保守的政治家和作家将农民视为
109 “民族国家”的核心。有关“农民研究”和农业经济学的基础著作,比如俄国经济学家亚历山大·恰亚诺夫(Alexander Chayanov)的作品在这个时期出现。

农业与第一次世界大战

第一次世界大战是到那时为止历史上最大规模的战争,它对农业生产造成的影响前所未有。由于所有重大战斗都有或多或少的军队参与,因此粮食供应在战争中发挥着关键作用。

战争中各方主要势力都经历过粮食危机,也建立了某种程度的国家供给和生产制度。德国政府错误地估计了本国的粮食资源储备情况,猝不及防的马铃薯虫害也导致了粮食短缺。政府严格控制反抗的德国农民,强迫他们耕种土地,限量分配逐渐萎缩的粮食储备,但是德国仍然有超过75万国民死亡,高于1916年的正常死亡人数。

由于德国潜艇封锁粮食进口通道,英国于1916年建立供应和生产调控制度。政府命令农民种植粮食作物,没收拒绝服从的拥有数百名农民的农场。政府确立最低价格,遣送战俘到农场去劳动,英国政府以最小的代价推行这些政策。在法国,军队征募三分之二的成年男性农民,将妇女、儿童和老人、残疾人留在农村。这导致粮食大量减产。与德国和英格兰一样,政府征用粮食、控制粮食分配。它们也曾经徒劳地希望从战俘中或阿尔及利亚殖民地中获得农业劳动力,但是收效甚微。

两方阵营都希望从海外获得粮食。德国和奥地利从1917年11月布尔什维克革命中获利,占领乌克兰,从当地农民手中征用粮食,但是并未达到预期目标。1916年,英国、法国和意大利开始执行共同海外市场计划,

统一由一些机构（称“干事”）收购粮食、肉类和其他产品。这个同盟国粮食委员会的主要供应者是美国，进口粮食在各个同盟国间分配；这极大地保证了最终的胜利。

英国还从 1882 年占领的埃及获得粮食。1914 年，奥斯曼帝国对英国宣战，此时，英国已经占领埃及，它于 1915—1916 年强制出口数百万蒲式耳粮食。出口粮食将农民的储备消耗殆尽。1918 年，英国购买了全埃及的棉花收成，这是食用油制作和动物饲养的主要来源，同时向农民征收更多的粮食。英国还强迫征召 50 万农民充当劳动力，在这个过程中，数百名警察和农民被杀害。这些做法以及其他暴行引发民族解放运动，1919 年起义 110
爆发。农民们拆毁铁路，从大庄园农场中抢夺粮食和动物，切断开罗的粮食供应，直到英国军队镇压了手无寸铁的起义者。

加拿大和美国农民从第一次世界大战急剧增加的粮食需求中获得巨额利润，但是美国农民同样面临内部危机。1916—1917 年，美国小麦收成减少三分之一，同时谷物“干事”（英国、法国和意大利）收购的粮食是美国正常粮食出口的两倍。美国粮食价格上涨三倍，导致国会抗议，并建议出台禁售令，禁止美国粮食出口。总统伍德罗•威尔逊（Woodrow Wilson）以及其他美国人开始怀疑粮食商人和农民串通减少产量，抬高价格（事实上干旱、病虫害以及其他自然因素导致粮食减产），但是他们反对政府干预市场。

1917年2月，当美国面临粮荒时，英国人采用价格保护措施支持农民。进步的领袖向美国提出提高产量、抑制价格的建议。国会通过庞大的《价格控制法案》，但是美国农民表示怀疑，美国农业集团反对这个议案。同盟国告知威尔逊总统，如果没有美国的资助，他们将面临饥荒。威尔逊任命赫伯特•胡佛（Herbert Hoover，一名采矿工程师，曾经负责粮食救助事务）为美国粮食总署署长，1917 年国会通过《粮食管制法案》，确定小麦最低价格。农民预见到粮食价格可能提高，因此耕种数百万英亩土地，并且大多采用 1917 年引进的福特森（Fordson）拖拉机工作。1917 年春天，胡佛下令控制粮食价格，对战争期间世界粮食贸易发挥了关键作用。

粮食商人只重视利润，不理会政府的政策。美国嘉吉（Cargill）公司从粮食贸易中获取高额利润，被指控发战争财。1918 年，美国和欧洲已经建立一套完整的战争期间粮食和农业危机应对体系，政府广泛地干预粮食生产和市场。

20 世纪 20 年代复苏失败和 20 世纪 30 年代的大萧条

美国是战后供应处于紧缺状态的欧洲的粮食来源地。美国以粮食为武器挟制德国，迫使其新任领袖于 1919 年接受严苛的《凡尔赛条约》。1918—1920 年，美国出口欧洲的粮食保证美国维持较高的粮食价格。但是，随着欧洲从战争中复苏，国内粮食产量上升，农产品价格从 1920 年 7 月至 1921 年下降 50%，较低的粮食价格维持了十年。在美国、欧洲和世界多数地方，20 世纪 20 年代的农民面临的问题是粮食产量过高，价格持续走低。农民、农民政治家以及专家学者建议出台政策缓解这样的局面，但是政府坚持过时的经济理论，也抱着农民害怕政府干预的心态，拒绝干预经济，直到 20 世纪 30 年代危机爆发。

111 在美国，农民出身的官员乔治·皮克（George Peek）建议政府以稳定价格购买农产品，给予粮食关税保护，将剩余粮食倾销至外国市场。来自农业部的国会议员组成粮食集团，1924—1928 年间，他们努力在“麦克纳里—豪根议案”（McNary-Haugen bills）中推行这个计划及其他改革措施。但是无一通过，因为保守党认为这些措施有可能提高已经忙乱不堪的市场的产量，导致农民无法主导交易。农民组成合作组织保护价格，避免价格过低，但是只有少数专门产品的种植者获得成功，比如加利福尼亚柑橘种植者的香吉士团体和新英格兰州的越橘种植者组成的优鲜沛公司（Ocean Spray）。粮食种植者人数众多，摆脱束缚的需要更为迫切。

在美国南部，有些赤贫的雇农每天只能获得 14 美分报酬，与此同时，地主——他们往往是老种植园主的后代——从国际棉花需求中获取利润。但是南方也面临着严重的环境和经济问题，棉籽象鼻虫摧毁了众多棉田。这些经济问题以及南方种族主义者的歧视——州政府和联邦政府都没有能够有效解决这个问题——迫使以非洲—美洲裔为主的雇农开始大规模迁徙至北方城市从事工业劳动。

在平原地区，农业机械化程度大幅提高。蒙大拿（Montana）州东南部汤姆·坎贝尔（Tom Campbell）县 9 万亩农田全部采用机械化作业，只雇用小部分季节性劳动力。坎贝尔农场是现代工业化农场的先驱。农业部长在演讲中呼吁每一个农场都成为工厂，鼓励农场采用机械化作业，生产工业产品。在西部，特别是加利福尼亚地区，日益兴旺的水果蔬菜农场依赖墨西哥移民劳动。在上述两个区域，政府都努力提高农场的效率和生产力，并非帮助农民规避价格下降造成的损害。

1917—1920 年，加拿大政府加强对市场的控制，其管理机构是 1919 年重新命名的“加拿大小麦局”。1920 年，政府撤销这个机构，恢复市场交换，但是农产品价格大幅下降。农民提出抗议，要求废除私人粮食交易，他们袭击温尼伯粮食交易所（Winnipeg Grain Exchange），摧毁签署预购合同系统。这个系统与芝加哥期货交易所相同，是一种商人在产品产出前预先交易农产品的系统。加拿大农民提出储备观念；农民将作物出售给某个大型的共同基金组织，在作物售出后分配收入，而不是相互竞价，压低价格。20 世纪 20 年代，经过小麦储备制度流通的加拿大小麦数量仅为一半，大萧条时期，该制度消亡。

在英国，战后许多农民将农田转变为草场。1920 年的“农业法案”提高价格支持力度及农工的最低工资水平，但是农民的抗议导致政府于 112
1921 年撤销这项法案。很快，英国同其他地方一样遭遇价格下滑：小麦价格从 1920 年的每英担 80 先令下降至 1922 年的 47 先令，多数其他产品的价格下降幅度大致相同。法国农民在第一次世界大战后受教育程度及参政程度普遍提高，但是人数从战前的超过 500 万人下降到 1929 年的 400 万人，原因包括战争期间的人口损失以及前往城市的移民。农业产量已经无法满足城市需要，法国粮食需求的四分之一不得不依赖粮食进口。许多法国农民被迫复耕被战争摧毁的土地，但是他们缺乏资金和热情引进现代技术。这个时期法国政府几乎无所作为。

1927 年，国际联盟召开世界经济会议，重点关注不断爆发的农业危机。会议报告指出，低价农产品与高价工业产品之间的失衡是造成农业危机的主因。还有一些观察员指出农产品价格下滑，导致农民在收获后无法从前一个春季的收成中获得利润，往往致使他们丧失土地。传统经济学没有解决这些问题。只有一次大的危机才能够迫使领导者寻求解决办法。

这次危机就是1929年开始的大萧条。它发生的原因有很多，但是最关键的一点是20世纪20年代的农业危机。如果某些支持农民的政策建议能够在20世纪20年代实施，那么局势将完全不同。官僚和多数经济学家不同意仅适用于战时的干预措施，他们期望能够回归“常态”，但是常态一直没有出现。美国股票市场崩盘和银行倒闭引发大萧条，占世界经济人口三分之二的农业产业的经济环境不可避免地引发一系列严重的经济后果。1929年，从事初级生产的国家出现大批剩余产品，价格下滑程度前所未有。1929—1933年，在危机最为严重的时候，尽管粮食歉收，但是价格仍然在下降，因为积聚产品摧毁了世界市场。

商人徒劳地努力出售剩余产品，政府努力缓解农村债务和农田废弃问题，保证粮食供应，低价出售粮食给劳动者和失业人口。1933年8月，国联召开延宕已久的世界小麦会议，会上出口国家同意限制出口，但是许多国家指责它们借机生产和出售更多粮食。

面对如此难以解决的危机，各个国家都必须评估农业产业在未来发展中的地位。外国资本投资率下降迫使众多国家执行经济自给自足政策。众多曾经的农业国家采取各种政策降低农业产量，提高工业地位。因此，大萧条后，众多国家的农业产业地位下降，经济发展布局趋向平衡。

113 美国是全球经济的主导者，因此它的经历是认识大萧条的核心所在。农产品价格在20世纪20年代保持低点，并且很不稳定，至1929年已经趋稳。因为美洲支撑着欧洲经济的发展，因此持续降低的美洲粮食价格也导致整个欧洲粮食价格下降，并最终波及全世界。在许多国家，美国—欧洲的影响强化着业已存在的地方因素。

赫伯特·胡佛总统不再实施战时市场干预政策，他认为市场能够克服暂时的“萧条”。他所采取的少数几项措施也无济于事。他建立的联邦农业委员会曾经出售800万吨剩余粮食，但是价格一直下滑。1930年南方大旱，他的管理机构拒绝动用储备粮救济饥饿的南方佃农，他们声称援助将导致他们“意志消沉”，破坏市场，即使佃农已经穷困到无力购买多数产品的地步。红十字会提供的救济不足以解决问题。1931年，旱灾之后，胡佛向蒙大拿州提供金融救济，但是仅惠及少部分贫农。胡佛反对经济学家和实业家的建议，对几千种进口产品征收关税。这导致针对美国向出口产品征收报复性关税，这进一步降低贸易成交量，特别在农业领域。

与此同时，中西部和平原地区各州农民面临价格大幅下降、贷款过期未付以及丧失抵押品赎回权等问题。1932年5月，长期从事农业运动的米罗·雷诺（Milo Reno）成立了“农民假日协会”，组织农民联合抵制国家市场，迫使政府保护农产品价格。8月，农民假日协会在艾奥瓦州和威斯康星州攻击银行、封锁公路铁路，与警察发生冲突，双方均有伤亡。该协会成员还计划前往抵押拍卖会和投标会，强迫银行家接受这些标的。他们还返回农场，将用10分硬币购买的土地还给从前的所有者。他们还极力撮合农民和借贷者见面，解决无抵押借贷问题。但是这些均是特例，成百上千的农民仍然因丧失抵押品赎回权而失去土地。

胡佛应对经济危机所采取的温和政策日益引发不满，这为民主党领袖富兰克林·D.罗斯福赢得大选铺平道路。罗斯福的农业改革是其新政的主要内容。罗斯福在其家族位于海德公园的农村领地中长大，对于农业生产和农村生活有切身感受。他的顾问中有一位农业部长亨利·A.华莱士（Henry A.Wallace），是优秀的农业科学家，他主编的一份农业报纸发表了众多有关农业状况的文章。

罗斯福政府管理机构执行的农业政策来自20世纪20年代及之前采用的政策。主要内容是信用体制改革，限制土地总量，价格支持。农业信贷组织从银行中购买违约农民的抵押贷款，重新安排农民的财务计划。《农业调整法案》向生产者支付主要农产品——粮食（玉米、小麦、稻米）、经济作物（棉花、烟草）和牲畜（猪、奶牛）——的款项，换取他们同意降低产量。 114
这些法案刚开始执行时，农民自愿减少大量农牧产品的产量，产量问题是波及范围广泛的饥荒时期的大麻烦。农产品信贷公司（Commodity Credit Corporation）推行农民借贷计划，以他们所生产的作物为担保，担保额相当于等价购买平价粮食的数量。如果粮价上涨，农民可以出售粮食偿还贷款。如果粮食价格持续走低，农民则能够持有贷款，作为交换，他们将粮食交给商业信贷公司销往海外，或者用于其他目的。管理机构的措施同样针对合作性质的市场，市场仍然控制着牛奶、水果和蔬菜贸易。另外，罗斯福政府的管理机构还推行农村电气化、土壤保墒计划以及救济计划。

这是美国农业史上最大规模的农业补贴行动，之后基本农业政策仍然执行数十年。这些改革的源头是美国农民、专业人士和时事评论员提出的建议意见，也部分源自外国模式。华莱士提出的将商业信贷公司作为调节价格和粮食供应机构的设想源自古代中国的“常平仓”。政府发挥着日益重要的作用，这反映在苏联以及一些法西斯国家的政策中。在某种程度上，美国和其他民主国家尽力避免大萧条可能造成的灾难性的政治后果，他们将某些经济政策引进民主国家。美国农业管理中也存在滥用职权和腐败现象，这耗费了相当多的政府财力，第二次世界大战后终于得以拨乱反正。这些政策的贯彻执行也反映了日益严重的歧视非洲—美洲裔农民的现象，它更加偏向于大多数农民，最终成为法律和政治事务。

大萧条对英国的影响并不严重：物价下降，但是农民负债不多，农业破产速度较缓。为了应对日益降低的价格问题，1931 年，议会通过《农业市场法案》，允许农民建立组织控制市场。1932 年，主要产品牛奶的价格下降到 1922 年的四分之一，10 万名牛奶工人投票建立牛奶销售组织。后来，马铃薯、猪、猪肉销售组织相继建立。政府也征收进口关税（部分原因是回应美国关税政策），并且提供价格补贴。

在法国，1932—1933 年，农民取得有史以来最大的小麦和葡萄丰收，导致价格下降。法国政府限制外国贸易、稳定价格，并且投入数亿法郎用于补贴及其他援助项目，没有仅仅采取防御性措施。但是，1934 年价格已经下降到 20 世纪 20 年代高点时的四分之一。农民们认为共和国中无人能够理解他们的需求。为了应对危机，一名法国记者化名亨利·多热尔（Henri Dorgères）发动政治斗争，与美国的米罗·雷诺一样，他号召联合抵
115 制，打击农村中存在的丧失抵押品赎回权现象，倡导不付税。他组织青年农民组成准军事性的“绿衫军”，提倡民族主义和反犹主义。法国的“多热尔运动”和农业危机在 1936 年结束，原因是农产品价格上升，多数农民更加青睐民主制度。

加拿大农民也面临粮价崩溃问题，更为严重的是人身伤害、时断时续的沙尘暴、大规模的蚱蜢侵袭、上百万只囊地鼠出现和病虫害，这些都阻碍了小麦作物的生产。粮食至少减产三分之一，25 万农民离开农村前往城镇。1931 年开始，地方政府组织救济农民。1935 年，加拿大政府建立草场救济署（Prairie Farm Rehabilitation Administration）恢复农业生产，在干旱地区种植草场，建立加拿大小麦局出售剩余产品，控制物价。

澳大利亚在 1900 年时已经成为主要的小麦、肉类和奶制品的出口国。第一次世界大战期间，中央政府和州政府储备小麦，建立“澳大利亚小麦局”囤积丰产年份的大批粮食，但是 1921 年这个机构关闭，原因是其耗资巨大。政府致力于将反抗的遣返士兵安置在澳大利亚西部成为农民，但是由于该地区气候干旱，政府需要耗费巨资，尽管如此，仍然有几千名新农民因为债务抛弃土地。在大萧条期间，越来越多的农民因债务离开土地前往城镇或宣布破产。地方政府提供资金支持，废除债务，解决了部分农民的困难。中央政府只是在第二次世界大战爆发后才采取支持农业的措施。政府重建澳大利亚小麦局垄断粮食出口，称“单台”（single desk）。它给予农民最低价格，尽管在当时只是临时性措施，但是持续实施了 60 年。

阿根廷一直是主要的农业民主国家，1900—1913 年，农田面积增加三倍，成为世界上最主要的粮食出口国。但是阿根廷农民是雇农，大多为外来移民，他们获得的报酬极少，无力购买土地，只能从事短期雇佣劳动，提供短期合同劳动或无地劳动。在收成好的季节，他们能够获得较好报酬。但是，1912 年粮食大丰收，粮食价格大幅度下滑，农民无力支付租金，地主开始驱逐他们。大罢工随后爆发，雇农、地主和无地农民之间爆发长达十年的冲突。中央政府由地主把持，甚至总统伊波利托·伊里戈延（Hipólito Yrigoyen）本人就是地主，他积极镇压罢工，甚至驱逐外来移民雇工。20 世纪 20 年代，粮食价格上升才最终结束罢工运动。

20 世纪 20 年代晚期，阿根廷政府给予农民的帮助十分有限，主要体现为教育、进口 1.5 万台拖拉机和 2.5 万辆联合收割机。1929 年破产风潮与大丰收同时出现，导致粮价走低。农民放弃拖拉机重新使用马匹，1933 年
农民开始烧毁庄稼，或者任其在田野中腐烂。那一年，政府建立一批机构， 116

以平价购买剩余粮食，其价格仅能满足农民的生活需要，而无法促进生产。葡萄酒管理机构摧毁了原材料产地，粮食管理机构则出口剩余粮食。

在民主大国，科学、技术和经济发展帮助农民生产出更多的剩余粮食。但是大规模几无二致的作物生产意味着巨大的环境灾难，经济下滑可能导致同样严重的后果。政府、农民和其他观察者已经认识到20世纪20年代稳定的剩余粮食数量和低粮价只是暂时现象，能够自我纠正。很少有人能够预见到之后爆发的大萧条。20世纪30年代几乎所有这些国家都采取补贴政策帮助农民，其幅度超越之前任何一个政府的农业计划。但是没有任何计划能够帮助到每一个农民，几百万农民，比如美国南部的非洲—美洲裔农民，离开农村到城市中工作。

农业和法西斯国家

尽管并非民主制国家，但是法西斯国家也采取一些措施帮助农民。这些国家视农业为其民族主义观念的核心。他们获得权力时也承诺改进食品供应体制，或者保证国家不陷入萧条。

意大利法西斯

意大利在20世纪初拥有两个广阔的农业区。北方有现代化大农场，利用大学传播科学知识，使用众多代理人开垦土地和灌溉系统。地主与雇农签署长期合同，小农或雇工往往雇用农村劳动者，其中一半以上为农村人口。农业产量很高并且不断增加，但是意大利仍然需要进口粮食，每年达到一百万吨小麦。意大利南部（称 Mezzogiorno）仍然存在大庄园，拥有者是不在当地居住的地主，由赤贫的雇农、小土地所有者和劳动者从事劳动。从地方到中央，地主把持政权，多数农民和劳动者没有选举权。意大利当局采用部分手段缓解农村贫困现象，但是农业政策主要满足地主利益。政府不公导致农村劳动者罢工，争取工资和土地。在意大利北部，农村劳动者组成大联盟，在1900—1914年间发动3 000次罢工，工资水平得以提高，但是农村收入仍然远低于城市。

第一次世界大战期间，意大利政府重视工业生产以满足军事需要。
1917 年，国家粮食短缺，开始实行配给制。战争期间意大利损失 250 万人
口，多数是农村人，与法国一样，农村劳动主要依靠妇女儿童。安东尼奥· 117
萨兰德拉（Antonio Salandra）首相认为农民遭遇兵役、财产征用以及价格
控制等威胁，他承诺“土地归农民”。部分农民从高粮价政策中获利，能够
购买土地，部分地主出售部分土地消解农民起义的威胁。第一次世界大战
期间，大约 100 万个农村家庭因此获得 80 万公顷土地，但是小土地所有者
人数上升。战争获利者和投机商同样占有大量土地，成为新兴地主阶级。

1919 年，战后意大利面临的主要危险包括工业企业破产、失业、劳动力军事化、粮食价格高昂以及食品短缺等。1919—1920 年间，超过 150 万名劳动力和雇农发动罢工，获得重要权利，农民联合会和合作组织攫取土地，部分南方大庄园消亡。在北方，雇农抗议高租税，劳动者希望提高工资。市场联合会开始与农业结合，占有 10 万公顷土地。由于政府站在农民和劳动者一边，地主感受到威胁。

在这个复杂局势下，墨索里尼和他的法西斯政党当政。法西斯分子最初鼓吹社会主义，倡议分配土地给农民。1919—1920 年，由于左派势力下降，墨索里尼将法西斯主义的主张转变为极端保守运动以获取工商界和士兵的支持。法西斯分子开始在农村反对私人财产占有。1922 年挺进罗马（“March on Rome”）运动鼎盛时期，墨索里尼废除法律，撤销分割大庄园土地计划以及限制驱逐令和合作计划。但是他仍然拉拢农民，称他们是民族的核心，保证他将“使意大利田园化”。众多农民和雇农害怕社会主义的土地充公和建立工会的主张，因此支持法西斯分子。法西斯分子发动由地主提供财力支持的“远征”反对导致人员流失的农村合作社和工会，1923 年农村罢工结束。

1924 年，墨索里尼再次修改他的农业政策，因为意大利刚刚经历一次粮食歉收，进口了 200 万吨小麦。这次危机与马泰奥蒂（Matteoti）事件同时发生。马泰奥蒂是一位杰出的立法委员，是墨索里尼的政治对手，他指责法西斯分子滥用职权，不久后他被暗杀。墨索里尼考虑到经济原因，也为了淡化这个事件的影响，宣布开展“小麦战役”。据此征收进口关税、补

贴资金投入和运输，大力推进自给自足。由于政府给予高额补贴，建立“小麦储备库”，农民开始广泛种植小麦。

这些政策使粮食产量提高 50%，意大利在许多年份已经基本自给自足。小麦战役给大地主和制造拖拉机和其他设备的工业企业带来巨大利益。但是普通城市居民和劳动者因给予小麦生产者的关税保护被迫用更
118 高价格购买面包和通心粉。这场战役改变了土地用途，改变了其他作物和畜牧业的占地面积。1930 年意大利的母牛拥有量少于 1908 年，进口橄榄油、出口水果蔬菜数量减少。如果意大利过去重视这些产品，那么它将减少粮食进口，它的盈利将超过它节省的开支，因为世界粮食价格已经很低。

法西斯时期的德国

1900 年，德意志帝国的四分之一人口从事农业生产。在德国东部，一千名普鲁士容克拥有几乎一半的土地，在大庄园领地中雇用农民劳动者，但是德国仍然是主要的粮食进口国。在德国西部和南部，小农占据主导地位，他们主要从事畜牧业生产。这两个主要农业集团的利益需求有所不同：容克要求关税保护，小农需要价格低廉的饲料，两者之间存在矛盾。德国的工业化进程削弱了农民曾经拥有的政治权益。

战争期间德国遭遇粮食短缺和人口死亡危机，城乡矛盾加深。农民宣称他们的贫困源自于供养城市，他们逃避固定粮价和征用政策，转向黑市，这进一步加深农民与城市居民的矛盾。1918 年德意志帝国灭亡，多数农民与 1918—1919 年工人起义者之间已无差别。德国魏玛共和国时期，农民的需求不是土地，而是肥料、设备，提高居住水平。20 世纪 20 年代的财政危机导致农民负债，打消农民接受新科技的热情。1928 年众多理想破灭的农民加入农民运动，这场运动缘起于德国北部野蛮的反犹运动。1929 年容克地主企图与农民建立绿色阵线，但是农民痛恨地主，他们中多数接受国家债务补贴计划（即“*Osthilfe*”），但是普通农民并没有从中获利。

20 世纪 20 年代末期，纳粹党人获得农民支持，因为这个政党主张关注农民利益，称他们是国之基石，未来“主流种族”的源泉。他们也拉拢大容克地主。1932 年 7 月和 11 月的选举中，众多农民和地主支持纳粹党人，

帮助希特勒夺得权力。

纳粹党人通过社团制度控制了德国的社会和经济，根据这个制度，政府要求所有相关社团成员均属于一个国家组织，安排他们的工作和劳动关系。1933年9月，纳粹党人建立国营粮库（National Food Estate），形成粮食生产、流通、分配和销售一条龙管理。在土地上劳动的每一个人都与粮食生产和分配有关，也必须是该组织的成员。最终，这个组织拥有了300万农民、30万名运输者和50万家商店和贸易商。这可能是第一个将农业视为大的“食品体系”的组成部分的政府机构。其他所有制度，甚至同时期 119
的苏联共产主义制度都将农业生产与流通和分配分开。从组织机构角度看，国营粮库成为战后逐渐统治世界粮食体系的农业产业联合体的前身。

国营粮库掌管13万人，负责制定价格和工资水平，分配资源和产品。纳粹党人甚至还建立自己的农业贵族集团，将60万个中等规模的农场转变为世袭领地（*Erbhoeffe*）。纳粹还致力于提高农村劳动力的生存状况，给予免税优惠，制定农业领地雇佣劳动规范，但是农村失业率仍然维持较高水平。另一方面，1934年纳粹极力避免农业工人离开土地，但是农村的贫困与城市的发展机遇——纳粹的战争准备——日益形成鲜明的对比。这个时期德国与民主国家一样是农民逃离农村的高发时期。

巴 西

1900年，巴西是世界上最大的咖啡产地。多数咖啡产自东南部圣保罗州数千个大种植园（或称 *Fazendas*）中。种植园主雇用外来移民（*colonos*）——与阿根廷雇农类似——种植作物。他们分配给外来移民小块土地以减少他们应该支付的工资。圣保罗北方的吉拉斯州（Minas Gerais）的主要产业是大型牛和奶牛饲养业，与阿根廷一样雇用加乌乔人（gauchos）劳动。这两个州主导巴西经济，这个时期因此称“咖啡牛奶政治”时期。20世纪20年代，外来移民中的四分之一人季节性地前往内陆地区独立从事农业生产，由政府铁路部门提供资金。这个新型的小农产业生产的咖啡占圣保罗产量的三分之一，生产的作物和畜牧产品供应城市。

强大的执政党依靠城市和小农支持。失意的种植园主转而支持新兴政治家热图利奥·瓦加斯（Getulio Vargas），他是加乌乔人的后代，后来成为一名律师。他承诺保护种植园主利益，1930 年，他通过一场政变当政。1937 年在镇压一次共产主义运动之后，瓦加斯宣布新国家（Estado Novo）为独裁国家，与欧洲法西斯国家相同，但是统治并不十分残暴。与此同时，他公布一系列匪夷所思的政策保证种植园主利益。

巴西咖啡出口在 20 世纪 30 年代急剧下降，1939 年已经降至 1929 年的 20%。政府不得不动用过去"价格控制"时期的库存，这项政策的目的是储备剩余产品直到价格恢复。1924 年，咖啡种植园主说服圣保罗政府将这项制度固定下来，建立咖啡研究所管理销售。1929—1930 年的危机十分严重，甚至超过之前的市场崩盘危机。瓦加斯用"自治团体"（*autarquias*）政策代替"价格控制"政策，这是一个政府组织，负责管理贸易和生产。

120 第一个自治机构在咖啡业产生，"全国咖啡协会"（National Coffee Council，后成为一个部门）在圣保罗咖啡研究所基础上建立，有权销毁多余咖啡，禁止咖啡种植。1931—1943 年，这个机构总共烧毁 7700 万包咖啡。但是，1937 年，这种做法已经导致巴西咖啡在世界出口总量中的比率下降 50%。在一次劳而无功的泛美咖啡大会后，瓦加斯停止价格控制政策，敦促生产者加大生产，参与世界市场竞争，巴西咖啡出口开始增长。同样自治团体也在棉花、木薯和蔗糖业建立，但是主要目标不是用于巴西内贸的基本粮食供应。木薯业和蔗糖业组织生产酒精作为汽油添加物，称发动机酒精。

法西斯国家向农民和地主做出给予土地和提高社会身份的承诺，但是在实践中则强加给他们更多的压迫。这些国家比民主国家的农业政策更加保守。他们并没有实行大规模土地改革，主要依靠传统的地主阶级勉强提供的支持。这些国家采取农业控制措施使农民完全服从政府，努力解决民主国家面临的同样问题，包括保证城市供应、维持农民稳定、提高农业产量。法西斯国家对于农业和粮食分配的有效控制部分地体现在战后农业合作体系中。

农业和资产阶级殖民地

20世纪早期，欧洲、美国和日本的殖民帝国已经占据亚洲和非洲的广大地区。农业仍然是主要的经济组成部分。殖民国家重视“经济作物”——比如茶、可可、咖啡、花生和棉花，也包括稻米或玉米——的出口量。殖民支出和投资，特别在铁路上的投入，刺激城市和贸易的发展，扩展了内部市场。在多数殖民地，欧洲贸易公司，比如利华兄弟（今联合利华）公司，垄断出口和农产品生产过程，阻碍了殖民地经济的发展。

在移民殖民地，欧洲移民通常控制经济作物生产，占有最优良的土地，迫使本地居民沦为劳动者或者供应本地市场的小生产者。这些做法往往导致土地争端，成为反殖民地运动爆发的经济隐患。在移民较少的殖民地，殖民地管理机构重视出口和税收，强迫当地居民投入大量土地和时间从事经济作物生产，导致他们无力维持从前的粮食生产水平。但是仍然有些本地农业生产者生产供应市场的产品，这些精明的生产者成为本土精英，他们从殖民者那里获利，但是代价是牺牲绝大多数本土居民的利益。 121

非 洲

欧洲殖民扩张运动在非洲北部、东部和南部建立一系列移民殖民地，在中部和西部非洲建立非移民殖民地。肯尼亚是移民殖民地的一个典型范例，在这里，欧洲人的移民和土地占有导致本地居民边缘化。英国探险者与当地首领签订条约，之后强占他们的土地，最为著名的事件是1902年的“官地条例”（Crown Land Ordinance）。英国政府邀请欧洲人在肯尼亚定居。英国贵族德拉米尔爵士（Lord Delamere）占有10万英亩土地，饲养绵羊、牛，种植抗锈病小麦。几百名移民争相效仿，用各种阴谋诡计从非洲人手中骗取更多土地。1905年占领土地的移民数量急剧上升，伦敦官员已经有意限制土地占有以避免冲突。殖民地的移民和官员计划占领高原，送给欧洲白人，也给非洲劳动力提供工作机会。以德拉米尔为首的移民组织起来，不久即达到占有这些土地的目的。

肯尼亚人的传统与高原白人不同，体现在非洲人赖以生存的“保留地”

中。1929 年，在白人种植业达到鼎盛期时，2 000 名白人土地所有者控制着 250 万公顷土地，但是已耕面积仅 30 万公顷。政府和移民允许非洲“穷人”生活在高原的白人领地中，成为非正式雇农。他们在白人农庄中劳动，支付租税，同时扩大耕种面积，弥补移民开垦能力的缺陷。政府禁止暴力招募和管理非洲人，要求白人农场主向“穷人”提供基本的食品、居住和卫生保障。非洲人的保留地中土地面积比白人占有的高原更大，但是质量较差，与非洲南部白人殖民者占有的多数土地差别极大。

其他殖民地的白人移民用残酷统治镇压非洲人的反抗。在南非，19 世纪荷裔南非白人战胜非洲人，控制多数土地。尽管在 1899—1900 年的布尔战争中输给英国人，南非白人仍然通过法律将大部分土地纳入少数白人的控制中。他们将非洲人控制在“保留区”内，称“班图隔离区”（*Bantustans*），这里的土地数量有限，且十分贫瘠。非洲男性被迫前往南非白人农场和其他企业，赚取报酬支付税收，维持家庭生活。

奥斯曼帝国所属阿尔及利亚的农业生产环境优越，在法国大革命期间供应法国粮食所需。1830 年，因外交纠纷，法国占领阿尔及利亚，1830—1880 年，法国镇压了数次起义，占领大片土地赏赐给法国移民——阿尔及利
122 亚法国人（*pieds-noirs*）。他们占有土地的数量从 1870 年的 76.5 万公顷提升到 1917 年的 230 万公顷，超过可耕地面积的一半以上。阿尔及利亚法国人种植小麦和抗葡萄根瘤蚜的葡萄。阿拉伯人和柏柏尔人沦为雇农或小土地所有者，在阿尔及利亚法国人的农场中劳动以维持生计。

第一次世界大战对非洲农业造成的影响不一。由于英国和德国军队在非洲东部的部分地区作战，肯尼亚殖民者大力提高粮食产量。剑麻和玉米成为殖民者生产的主要经济作物，20 世纪 20 年代种植规模进一步扩大。非洲农业经济在第一次世界大战中损失惨重。英国、法国和德国招募或强迫 200 万非洲人服役，强占粮食和畜牧产品，导致本地粮食储备空虚，与此同时，在众多地区，旱灾导致饥荒爆发。

战后殖民地与发达国家一样遭遇粮食价格骤降危机。英国战后政府咨文，比如 1923 年帝国大会颁布的《德文希尔宣言》（Devonshire Declaration）要求政府发展殖民地经济，为自治统治做准备。但是英国人

无力耗巨资发展殖民地经济。殖民地官员也采取一些措施，但是没有取得预期效果。在肯尼亚，20 世纪 30、40 年代，官员们鼓励非洲农民种植黑金合欢树以获取染料，并且承诺高额利润。但是当农民们意识到几年内无法获得预期收入的时候，他们砍伐树木，将土地挪作他用。

多数情况下，政府推广的经济作物收效甚微。在某些地区，非洲人生产的高产经济作物堪与殖民者一较高下。由于这个原因，肯尼亚白人移民敦促殖民地政府通过法律禁止非洲人种植咖啡。另外，经济作物增长过快，粮食作物种植面积削减，导致非洲人营养不良，并且日益严重，粮食歉收又造成饥荒爆发。殖民地政府向非洲人施压，迫使他们种植木薯等粮食作物，但是政府的税收和劳动力需要以及种植经济作物的激励机制仍然阻碍着粮食作物的生产。这些需求也给予妇女更大的粮食生产压力，妇女的地位更低，她们大多从事家务劳动，她们的丈夫则外出赚取报酬支付税收；甚至在家里，男性也主要种植经济作物。

大萧条促进英属东非经济均衡发展。农产品价格下滑导致众多已经负债累累的移民被迫放弃土地，其他人也无力支付非洲劳动力与之前相同的报酬。由于移民农业发展迟缓，英国人改变政策转而大力支持非洲人发展农业。1935 年，政府通过法律规范管理非洲作物市场，鼓励改进农业生产方式，保护土壤墒情。但是政府从未放弃白人移民，他们通过法律限制“占有者”在白人高原获取土地的权利。

在南非，政府于 20 世纪二三十年代执行一个耗资巨大的补贴计划，帮 123
助白人农场主，包括建立相关机构、关税保护和出口奖励等措施。南非农产品价格迅速上涨，已经超过国际市场价格，国家贸易机构收购大量小麦、蔗糖和奶制品，政府不得不下令收缩产量。但是 1937 年的一部法律给予非洲人口更加严厉的限制。调查发现，这个时期土壤退化现象十分严重，无论白人还是黑人，他们均采用了野蛮的农耕手段，间接原因是他们受教育水平较低，十分保守，直到第二次世界大战时期，这个问题仍然没有解决。

法国和英国在西非（包括东非的部分殖民地）的殖民人口不多。1900—1929 年，本地农民种植经济作物取得巨大进展。法国在西非殖民地的中央管理机构设在塞内加尔，以各地农村首领为基础形成官僚阶级。

这些机构管理税收，要求当地人口至少将部分经济作物投入市场。非洲人意识到花生、油棕、香蕉、可可等经济作物具有极大的潜在利润，很快接纳种植。法国殖民地的出口量从第一次世界大战之前的 1 100 万英镑上涨到 1951 年的 2 亿英镑。但是法国的体制导致农民获利相对较少，少于出口公司和政府的税收收入。

英国殖民地采取间接管理制度，主要依靠地方酋长行使管理职能。但是这里情况相同，经济作物销售收入远胜于其他出口收入。1951 年，黄金海岸从出口黄金、钻石、锰和木材中获利 2 700 万英镑，但是可可出口获利达 6 000 万英镑，这还是众多树木感染植物病害情况下的收入。20 世纪 20 年代开始，政府市场交易所给予农民较低价格，但是允许政府从国际市场价格中获利，因此，只有少部分收入落入农民腰包。

欧洲人对于非洲殖民地农业体系的控制源自它们自身的农业体系。在非洲大力推广经济作物与欧洲农产品供应市场、购买粮食的模式相似。肯尼亚白人高原农民依靠贫农和移民劳动力劳动，这与阿根廷地主依靠西班牙和意大利移民劳动力的情况相似。南非的种族及领土隔离政策以及依靠来自土地短缺地区的非洲白人劳动力劳动，与美国南方种植园主和佃农的关系相同。

但是殖民地农业政治关系则与宗主国完全不同。尽管殖民地政府通过税收体系、市场管理机构和贸易公司等措施度过大萧条危机，但是他们很少采取措施解决经济和社会问题，给予白人移民的帮助远多于非洲人。
124 殖民地政府唯一一次缓解本地农民困境的努力是“帝国优惠令”，主要内容是利用关税资助英帝国内贸活动。但是政治分裂导致该法令推行迟缓，进展不大。

亚洲殖民地

在亚洲，农业是欧洲殖民统治的核心，但是所采取的方式差别极大。法属越南对农民和农业的剥削极为残酷，印度的农民具有较高自主权，在独立运动中发挥了重要作用。

19 世纪 60 年代，法国征服前，越南农业产量很高。尽管没有爆发农民起义，但是越南政府仍然给予农民足够的支持，迫使地主归还非法占有的土地给村民。征服印度支那后，法国殖民地首脑废除了对土地占有的诸多限制。法国企业几乎占有了一半农村土地，20 世纪 50 年代，法国统治末期，一多半人已经成为无地农民。

无产农民沦为雇农、佃农或劳动者。佃农和雇农必须支付高额租税，有时达到收成的 50%，甚至更多，他们甚至还被迫每月购买法国葡萄酒。许多农民最终借高利贷还债，高利贷者的利息高达每年甚至每六个月 100%。劳动者的境遇甚至更加悲惨。许多人被迫到橡胶种植园劳动，他们的劳动十分艰苦，每人负责从三百棵橡胶树上取胶，稍有损坏就将遭到惩罚。四分之一甚至更多工人在种植园内死亡。

遭受残酷剥削的殖民地生产了大量用于出口的橡胶、稻米和其他作物。法国人统治时期，多数越南人获取的粮食要少于独立时期，任何一次粮食歉收都可能导致饥荒。法国人残酷镇压农民的抗议运动，如 1930—1931 年。

印度农业和民族解放运动

19 世纪晚期大面积旱灾和饥荒之后，印度农民的状况逐渐好转。英国殖民机构采取各种措施缓解民众的恐慌情绪，取得较好效果。他们还花大力气解决农业问题。1900 年，扩建灌溉设施，约 43 000 英里运河能够保证大约 20% 农田灌溉需要。20 世纪上半叶，印度农业产量并不稳定。统计数字也不确定，经济作物增长迅速，小麦产量提高，但是稻米产量因印度东北 125
部人口增长而下降。19 世纪广泛种植的作物蓼蓝和鸦片面积在 1900 年后下降。合法种植的鸦片已经仅用做药物，仅在一些国有小型农场中种植。

印度农业中只有少数农民参与商业作物种植。1926—1928 年，一个王室农业调查团在整个次大陆地区展开调查，收集农业和农村生活的信息。殖民地政府建立帝国农业调查委员会，吸收众多印度科学家参加，规划未来发展。

农业问题和农业前景是印度独立运动中的关键问题。众多参与运动的人，比如贾瓦哈拉尔・尼赫鲁（Jawaharlal Nehru），支持现代化和工业化。

但是圣雄甘地（Mahatma Gandhi）抵制这些观念，他提倡依靠手工劳动和传统农业保证人民劳动，获取生活必需品。他计划用一种新体制代替印度地主制度，即农村首领可以将土地分配给村民获取某种形式的租税。甘地提倡巩固土地、联合农场以及其他农业方法。

甘地的观点在独立运动中没有获得广泛支持，但是反映了农民的意愿。在为自由斗争的日子里，印度国家议会最早确定他们必须大力依靠农民，因为这是这个国家迄今为止最庞大的社会集团，但是他们还必须赢得广大地主的支持，他们是运动的财政后盾，也有利于削弱青睐地主的英国人的支持。因此，议会的农民政策表现出矛盾特征。

甘地最早的也是最为激烈的支持印度农民的行动是非暴力不合作运动（*satyagraha*）。这次运动最早发生在印度北部的坎巴兰省（Champaran），这里的地主，主要是英国人，向贫穷的农民征收高额租税，残忍地摧残他们，横征暴敛。1918 年，甘地与各地律师和其他人联合起来向农民征集地主暴行、贫困和落后的证据。由于他们的言论具有强烈的煽动性，地方警察逮捕了他，但是大规模的和平抗议运动迫使当地法官释放他。相关证据迫使正式组成一个委员会证实这些针对地主的证据。1919 年，政府强迫地主补偿雇农。

在之后的几十年时间里，甘地和他的伙伴多次组织非暴力不合作运动。农民视甘地为“圣雄”，因为在农民心目中他的非暴力不合作运动反映出他对农民的关心。甘地和议会认为这些行动仅仅是削弱英国殖民势力，获得自治（*swaraj*）是大运动中的一个小行动。因为议会常常限制农
126 民的抗议运动，偶尔告诫他们支付租税，努力劝说他们与地主联合起来反对英国政府。

20 世纪 30 年代，由于观念分歧，独立运动分裂。农民开始组成“农民协会”（*Kisan Sabhas*），同时一个左派代表大会鼓吹阶级斗争、阶级革命。1934 年，这两个集团联合起来要求废除印度地主身份，将他们的土地分给广大雇农。在 1937 年英国人新成立的立法委员会选举中，代表大会获得决定性胜利，左派代表大会—农民协会组织大力推动他们的要求，在很多地方，农民开始屠杀印度地主，烧毁他们的房屋，掠夺他们的土地。地主举

行集会要求代表大会帮助抵制这些劫掠行为。代表大会极力劝说激进派做出妥协，但是遭到拒绝，农民举行大规模抗议活动要求废除印度地主制度，并且公开反对非暴力运动；代表大会转而采取英国式镇压手段。但是这些激进运动在后来的印度农业政治中仍然发挥了重要作用。

农业革命

在部分主要地区，20 世纪上半叶的农业危机引发农业革命。革命政府大力改革农业体制，大多采用相当野蛮的、极权的手段。20 世纪后期的革命领导者们曾经模仿这些方法，那些不采取革命方式的领导者则努力避免。两种革命在实践中所采用的方式也非常不同，但是两类政府均加强干预农业和农村生活。他们的行动已经远远超出这个时期资本家支持的力度，与大萧条时期法西斯国家的控制程度相似。

墨西哥

20 世纪第一次农业大革命始于墨西哥的 1910—1920 年革命。墨西哥农民或人口的绝大部分（*campesinos*）在这场革命中发挥了最为关键的作用。这里我们有必要首先区分两个概念：“印第安农村”（*pueblo*）和“公田”（*ejido*）——为印第安农村的公田，也有前哥伦布时期村庄的意思，这种村庄社会至少拥有部分公田。

1910 年墨西哥社会不平等和剥削农民现象十分普遍。几百名地主，包括众多美国投资者和公司，拥有一半土地。农民阶级仅拥有墨西哥 6% 的土地，多数农民家庭根本没有土地。

在总统波菲里奥 • 迪亚斯（Porfirio Diaz，1876—1880 年）时期，大地 127
主非法占有 500 万份公田。许多农民饥寒交迫，生活状况已经接近于奴隶。地主，包括部分富裕的美国投资者，通常购买几千名苦力在土地上劳动。他们支付给这些苦力的报酬极低，或者只是给予凭证用于在土地上的商店消费。19 世纪 90 年代开始，公地农民通过抗议和提起诉讼等方式希望重新获得土地。农民和地主的“白人护卫”——通常是墨西哥军队——

之间爆发的小规模战争对墨西哥农村造成巨大伤害。官员、经济学家和其他人发出警告，指出农民的压抑和贫穷可能引发起义，但是迪亚斯政府没有采取任何措施。

1910—1911年，一场政治革命终于推翻迪亚斯的统治，墨西哥政府出现分裂。改革家控制了城市政府机构，农民组成军事集团，侵袭庄园，占有土地，摧毁债务记录，强迫地主交出武器和供给品。农民领袖是埃米利亚诺·萨帕塔(Emiliano Zapata)和弗朗西斯科·比利亚(Francisco "Pancho" Villa)。萨帕塔(1879—1919年)曾经是小地主，在墨西哥南部莫雷洛斯(Morelos)担任村长，那里的多数农民是阿兹特克人后裔，他们已经丧失土地，在甘蔗种植园从事半奴隶性劳动。比利亚(1878—1923年)来自北方杜兰戈(Durango)州的庄园，是贫穷的农民，后来成为士兵和强盗。

公田农民指责庄园主占有土地，努力夺回土地，他们成为墨西哥革命中的主要民众势力。萨帕塔和比利亚先后在南方和北方组建军队，占领大种植园和庄园，将土地分配给贫穷无地的农民。推翻迪亚斯政权的革命解放运动拒绝与萨帕塔的军事力量合作，1911年萨帕塔公布"阿亚拉计划"(The Plan of Ayala)。这份计划不承认解放者的权力，指责他们向庄园主妥协。计划宣布革命的目标是归还被地主占有的印第安农村土地，额外土地实行民族化变革，将其分配给有需要者，或者用于其他国家建设。萨帕塔的口号是"terray libertad"——土地和自由。阿亚拉计划是革命中最为激进的农业政策。

1914—1915年，在革命初期，激烈的墨西哥总统权力斗争给予比利亚和萨帕塔的军队大好机会占领墨西哥城。逃亡至韦拉克鲁兹的总统贝努斯蒂亚诺·卡兰萨(Venustiano Carranza)反对土地改革，但是他的首席军官阿尔瓦多·奥夫雷贡(Álvaro Obregón)劝说他接受土地改革计划，以赢得农民领袖的支持。1915年1月，他签署法律，制定将非法占有的公有土地归还农民计划。该法律还规定给予那些合法丧失土地或需要更多土地
128 的农业村落土地。这项法律被纳入1917年墨西哥宪法第27条，成为后来所有墨西哥土地改革的基础。

这部法律仅部分地满足了农民的土地需求。农民们仍然必须在庄园土地上劳动，但是他们在庄园不需要他们的时候，也可以拥有自己的土地。但是卡兰萨企图利用这部法律延迟该计划实施的官方程序，因此 1917—1920 年间，只有 8 万名农民从官方获取 40 万公顷土地，1920 年，卡兰萨下台时只有一半农民获得土地。

与此同时，在墨西哥的许多地方，特别是在萨帕塔控制的南方，大多庄园和种植园土地已经被占领并分配。1919 年，卡兰萨势力将萨帕塔骗进埋伏圈将其杀害。军队同时削弱比利亚的权力，1923 年他也被暗杀。联邦军队打败萨帕塔和比利亚的军队，此时他们拥有的武器和供应已经严重不足，农民被迫交出革命期间获得的土地。

但是，仍然有几百万农民支持萨帕塔、比利亚和其他农民领袖，政府已经无力承受撕毁土地改革承诺的代价。革命也导致墨西哥粮食产量急剧下降；人民因饥饿、感染斑疹伤寒和其他与饥荒有关的疫病而死亡。卡兰萨的继承者奥夫雷贡曾经是农民，他努力协调与农民的关系。他接纳萨帕塔的支持者进入政府，加快土地改革进程，分配了 160 万公顷土地，1924—1934 年，他的继任者们继续这个进程。

1920—1934 年土地改革的根本目标是归还土地给农民，支持集体占有土地。这个时期的法律确定庄园土地占有限额是 400 公顷，多余土地充公、重新分配。1920 年公田法强调应当将公地分割为小块，每块土地的收入应该是城市工人最低工资标准的两倍。这个观念与美国改革者推崇的主张有部分相似之处。后来的法律以建立农村中产阶级为目标，给予公田所有者土地契约。1934 年，这些法律与其他法律汇编为农业法典，再次强调归还农民土地。1917—1934 年，政府在 6 000 块公田内分配了 110 万公顷土地。

这个过程中也存在重大冲突。众多土地所有者逃亡，被杀害或者丧失领地，他们的领地被革命中的军官占领。但是多数地主幸存，保有土地，仍然掌握权力。他们抵制土地改革，依靠白人护卫和其他武装人员抢占土地甚至杀害农民和乡兵（*agraristas*）——他们致力于帮助农民的知识分子、教师、劳动力组织者和活动家。1924 年，汉尼昆（Henequen）种植园主暗杀支持重新分配土地的尤卡坦州长。在韦拉克鲁兹，农民占领土地，重新

129 分配土地，地主则烧毁农民村庄和作物，进行报复。地主支持反政府运动，比如“基督战争”（Cristeros），1926年至20世纪30年代早期，起义者（包括许多农民）反对政府的反教士政策。这个时期政府倾向于支持地主，或者在众多土地争端中寻找一条中间道路。20世纪20年代，政府鼓励公田所有者组成合作社，解决农业规模小、农业科技落后的问题，但是政府的支持力度十分有限，效果不彰。

尽管采取一系列改革措施，1934年庄园仍然是墨西哥农村的主流，许多农民仍然处于从属地位，农民的抗议行动并未停止。在这个背景下，1934—1940年，拉萨罗·卡德纳斯（Lázaro Cárdenas）将军夺取政权，并且加快土地改革进程，部分目标是缓解地主与农民间的冲突。卡德纳斯生长于一个大城市，生活十分窘迫。他是一个著名的进步领袖，大萧条时期，他主动降低工资，并且从不用警卫。他实行的农民改革是广泛的民族化改革的组成部分，其中包括将墨西哥的境内美属石油公司收归国有，废除资本惩罚制度。在这个过程中，他从庄园征用土地，将大约2000万公顷土地分配给11000名农民公地使用者。在他统治末期，公地面积已经占墨西哥可耕土地面积的一半，成为社会经济的核心力量。

卡德纳斯于1936年中期开始进行大规模土地改革，原因是在西部科阿韦拉（Coahuila）和杜兰戈州（Darango）的拉古纳（Laguna）地区爆发农业工人反对地主的暴力罢工。卡德纳斯亲临该地区，从数百个庄园征用448 000公顷土地，分配给各个农业组织。接下来的两年时间里，他将改革扩展到其他地区，那里的农民已经丧失大片土地，与地主之间的斗争已经持续数十年，这些地区有南部的尤卡坦和莫雷洛斯，北部的亚基（Yaqui）山谷等。有些地主抵制卡德纳斯的改革，他们恐吓农民，拒绝交出土地。卡德纳斯建立农村武装力量，隶属于联邦军队，防范地主挑衅。多年冲突导致数千农民死亡，地主恃强凌弱，但是到1940年时，农民武装已经有60 000人，已经有能力保卫公田的安全。

政府将土地分配给农民，归小型公田组织或者集体农庄所有。公田组织分配土地给农民家庭，这些农民可以自由使用土地，但不能合法出售或租赁土地。在实际使用中，公田使用者往往无视这些规定，内部的等级分化日益严重，小土地所有者为大的公田使用者劳动。如同改革者曾经预见的，公田使用者也在庄园中劳动，庄园仍然保有大片土地。

政府在领地内组建集体农庄，这些地方曾经是稳固的农村单位，不适合分割为公田。这些也反映出卡德纳斯乌托邦式的集体公田理想，他设想
农民集体劳动，根据劳动分配收入。在 1936 年拉古纳罢工过程中，卡德纳 130
斯将多数征用土地分配给 300 个集体农庄。外国拥有者极力阻止，他们破坏灌溉设施，迫使武装部队开始保卫这些设施。政府在尤卡坦分割剑麻庄园，将其分配给庄园所有者和公地组织，集体耕种剑麻作物。1940 年，墨西哥八分之一的公地已经为集体所有。

卡德纳斯广泛的土地改革措施使近 100 万农民获得土地，使他们至少能够维持温饱。政府建立公田银行作为改革的后盾，这是一个庞大的经济机构，承担借贷、储存和买卖作物、组织农民合作社、推广农业科技防治病虫害、推广良种以及推行公地发展计划等任务。这种农业补贴计划为改革的成功做出重要贡献。公田的运作机制十分民主，一个常务议事会每月举行一次会议，另外还有公地供给部门和一个“警戒委员会”。地方政府仍然在酋长（caciques）或地方强势人物的控制下，他们管理的政府组织给予农村其他社会福利。

卡德纳斯的改革解决了困扰墨西哥几十年的大部分土地冲突，并且改变了墨西哥社会。改革将控制在墨西哥种植园主和庄园主手中的一半可耕地分给农民，将许多大地主驱逐出土地。其余地主很快感受到卡德纳斯继任者执行的农业现代化政策的压力。政府支持水利设施建设，支持农业技术改革，后来还支持绿色革命中高产新品种推广。卡德纳斯在改革中建立“国家农民联合会”，这是一个合作性机构，在其他领域也建立了类似机构，据此赢得农民的政治支持。

公地中有大批小农，所占有的土地不到全部土地的一半，拥有大农场、其他非耕地以及耕地。另外仍然有 1 万名占有者拥有超过 1 000 公顷土地，占全部土地占有者的 0.3%，但是拥有墨西哥 60% 的耕地。300 名所有者人均拥有 4 万公顷土地，总数超过 3 200 万公顷，占全部土地的六分之一。大土地占有者中三分之二生活在干旱的北方地区；在墨西哥中部和南部，

公地占据主要地位。尽管如此，土地占有权仍然高度集中，土地改革及其他措施带来巨大变化。1910年，几乎所有农民都不占有土地；1940年，无地农民仅占三分之一。

墨西哥农业革命迫使政府进行大规模土地改革，改革遭到国内外土地所有者以及外国土地所有者的反抗。革命的主要目标是保证墨西哥社会和平稳定，但是它并没有解决墨西哥农业落后问题，1940年墨西哥仍然是主要的粮食进口国。但是墨西哥是第一个进行大规模土地改革的拉美
131 国家。在20世纪60年代古巴革命前，墨西哥改革是最深入、最成功的范例。尽管公田是墨西哥社会特有的一种农业模式，但是其他地方众多农业改革提倡接受这种制度。墨西哥改革确立了一种解决农村发展不均衡问题的模式，40年一次定期征用和分配土地的方式一直沿用，直到墨西哥政府推行新经济观念，改变政策。

东欧和苏联农业革命

两次世界大战之间，东欧国家仍然是大地主阶级统治的农业社会。其统治特点可以从农民出身的亚历山大·斯坦博利斯基（Alexander Stambolisky）的短暂统治中看出来，1919年他因教育程度高、政治经验丰富被任命为保加利亚首相。他从大企业手中收回粮食贸易权，进行土地改革，削减大地主利益。1923年军事政变中他被暗杀。在东欧国家，似乎只有革命才能够摧毁地主阶级的统治。

革命在沙皇俄国爆发，尽管这个国家工业化进程十分迅速，但是它仍然是农业社会，农民占全部人口的80%。1900年，俄国还是世界上两个主要粮食出口国之一，众多研究者认为这个国家即将面临一次农业危机。依据在于该国农民生产方式十分原始，粮食产量较低，粮食歉收，饥荒不时爆发。1890—1891年的粮食歉收和饥荒导致大约50万人口死亡。尽管这场“危机”已经过去，但是农民对地方政府的不满导致多次抗议行动出现。沙皇俄国农民拥有墨西哥农民渴望的稳定的土地占有权。多数农村拥有土地财产权，但是其分配方式仍然采用中世纪式的园圃制。许多农民认为解决问题的办法只有剥夺地主的领地，获得更多土地。

1917 年前，最大规模的农民抗议运动是 1905 年爆发的革命，它迫使政府组成选举议会。受到工人抗议运动的启发，农民打击地主阶级，占领土地。政府用白色恐怖镇压这些起义，与此同时也进行大规模土地改革。“斯托雷平改革”（Stolypin）得名自推动改革的俄国总理的名字，这次改革的开端是巩固 19 世纪欧洲开始的农民土地所有权。1914 年改革也使大约十分之一的农民人口脱离农村公社，成为自由农业生产者，另外还有许多人离开农村到矿山和工厂中工作。

第一次世界大战期间，军队征用导致已经聚满战争难民的首都彼得堡的粮食供应量下降。粮食短缺迫使地方政府限制粮食运输，导致供应中 132
断，短缺现象日益严重。地方政府和志愿组织对于缓解粮食供应困难问题也无能为力。粮食价格迅速上涨，已经超过城镇工资水平，城镇居民对政府和农民的不满情绪日益高涨。部分农民从中获利，工业产量下降导致农业机械和城镇市场消费产品价格下降。众多农民将产品出售给城镇或在主要供应城镇食物的地主庄园中工作，他们的利益也遭受损失。

1917 年 2 月，因沙皇政府无能，粮食危机日益严重，导致彼得堡抗议游行、罢工、边防军哗变等此起彼伏。“二月革命”推翻了沙皇政权，建立了临时民主政府，但是这个政府并没有及时解决农村问题。弗拉基米尔·列宁和布尔什维克借此机会于 1917 年 10 月发动革命夺取政权。列宁随后夺取战后俄国，发布土地法令。这个法令以农民向临时政府的诉求为基础，给予农民夺取地主财产的权力。

之后四股势力间爆发为时三年的激烈内战。红军和布尔什维克为维护权力而战，致力于建立社会主义制度。白军由前沙皇政府官员组成，与布尔什维克对抗，他们并没有明确的政治主张。绿军是农民起义者，他们为农民自治而战。民粹主义者为争取俄帝国境内各个地区的独立而战。各股势力均主要依赖农民出身的士兵，但是各自结果迥异。

农民经常开小差，因此最应当团结他们，维持军队稳定者（红军）占据军事优势地位。农民还支持承诺给予他们最大利益的势力。占据了乌克兰和西伯利亚的白军归还农民从地主手中夺取的财产。红军则支持农民占有土地，逮捕并处决地主。因此农民总体来说支持红军。由于市场崩溃，各股势力均需要从农民手中获取粮食。红军确立“粮食配给”政策，支持革命所需，保证农民占有土地合法化。白军和民粹主义者在获取粮食的过程中并未照顾到农民的利益，因此导致众多农民支持红军。

但是，1920 年在战胜白军后，布尔什维克继续执行征用制度建设“共产主义”，希望建立没有市场或货币的交换制度。农民和城镇居民都不支持这种做法。多个地区的农民组成所谓的绿色军队，反抗布尔什维克。与沙皇政权相同，布尔什维克也采取了武力镇压措施，其执行者主要是红军
133 中的农民，他们从中得到某些承诺。1921 年 3 月，列宁宣布实行“新经济政策”，或称 NEP，正式停止征用制度，允许自由贸易。然而，1920—1921 年间，两次严重的干旱严重破坏众多粮食产区，导致一次严重饥荒。内战已经对农业造成巨大破坏，导致众多农民死亡。列宁从受影响较小的地区征用粮食用于救灾，并从美国获得粮食援助。尽管如此，饥荒仍然导致成千上万人死亡。

在执行“新经济政策”的过程中，1924—1925 年和 1928—1929 年，苏维埃政府先后面临两次粮食歉收和饥荒。苏联政府争取到国外资助，所幸造成的人员损失不大。20 世纪 20 年代，甚至在 1924 年列宁逝世前，苏联政府内部高级官员约瑟夫·斯大林、列夫·托洛斯基和尼古拉·布哈林之间出现权力斗争。斗争的焦点就是农业政策。

各方势力都承认苏维埃或早或晚都要走集体化道路。集体农庄（*kolkhoz*）将村庄内个体农庄集合起来，组成有利于机械化作业的大农场。苏维埃领袖模仿美国的大农场模式，政府还建立国有农场（*sovkhozy*）。这些农场是专业化大农场，大多以旧地主庄园为基础建立，但是仍然仿照美国工业化农场模式。所有人都认为少数“富裕”农民或富农（*kulak*）控制着农村，反对苏维埃政策。

争夺领导权各方争论苏维埃农业是否应该在传统农村结构基础上逐渐向更加现代化的制度发展，这是布哈林和“右派”的主张，托洛斯基和“左派”的主张是政府应该大力发展大工业化农场。他们争论的问题还包括如何对待富农，是右派的容忍还是左派的将他们视为苏维埃的敌人驱逐出农村。

斯大林开始时站在右派一边。20 世纪 20 年代的三次饥荒以及确定执行五年工业化计划最终导致他决定重新构建苏维埃农业模式，他认为苏维埃农业落后的根源在于农村不断面临的饥荒问题。

斯大林及其支持者于 1929 年 12 月开始强制推行集体化，同时执行
“消灭富农”政策，将富农驱逐出农村。1930 年 3 月通过一次高度军事化
的行动，迫使近半数农民将农村改造为集体农庄，成百上千的农民被当作
富农从农村清除。这次行动导致当地几千名农民起义，政府最终停止这
次行动。众多农民离开集体农庄，几千名“错判为富农”的农民回归田园。
农村取得粮食大丰收，政府将大半粮食用于出口换汇，购买工业化机械。
1930—1931 年，政府再次执行集体化和“消灭富农”政策。1931 年秋天， 134
60% 的农民已经被纳入集体农庄，200 万农民在消灭富农运动中被送往工
厂、木材厂和古拉格营地从事强制劳动。

1929—1933 年，快速发展的强制工业化进程以及大批志愿或被迫移民（比如消灭富农运动）摧毁了苏维埃经济。政府扩大粮食配给范围，1932 年已经超过 4 000 万人，1933 年进而建立国内护照制度限制人口在城市间流动。在这种紧张时期，1931 年干旱以及 1932 年极端潮湿的气候导致粮食减产。这些问题以及 1930—1931 年的大规模粮食出口导致严重饥荒。这个时期，苏维埃政府为了防范纳粹德国和日本帝国主义的进攻，掩盖了饥荒事实，仅进口少量粮食。但是采取了大规模内部救济措施，这促使 1933 年农民获得大丰收，饥荒结束。20 世纪 30 年代的收成并不稳定，1934 年、1936 年和 1938 年发生旱灾，政府几乎每年都要向农民发放救济粮和种子。1939 年，苏联取得史无前例的大丰收。

苏维埃和墨西哥革命都采用集体生产方式，墨西哥革命将土地交给从前的无地农民，苏维埃的集体化进程却表现出某种剥夺农民财产权的特征。集体农庄将农村土地完全掌控在手中；最终苏维埃政府以及农民个人都丧失了他们曾经拥有的多数土地权力。苏维埃集体农庄给予农民“私有田地”，农民家庭可以自行耕种，获得极高产量。

墨西哥的公地和苏维埃的集体农庄和国有农场从政府获得资助，并且依赖政府资助，两个国家的领导者都认为农业发展的目标是农业现代

化，保证稳定的收成，同时保证农民基本的温饱水平。墨西哥并未出现苏联那样的农业灾难和饥荒，尽管1910—1920年革命期间农业产量急剧下降，在农业生产恢复之前已经因饥饿造成重大伤亡。两种制度均帮助自己的国家在战后获得粮食自给自足，但是之后又先后依赖美国粮食进口。两种制度均存在矛盾之处，一方面保护农民避免自然灾害的侵害，但是另一方面也使农民在经济、社会和政治上处于从属地位。

结论

20世纪上半叶，世界农业从战前的富足景象一变而成危机频发：战争、过度生产、饥荒和经济萧条。政府对于农业危机的应对十分迅速，采取更多措施，改革、经费资助以及反应机制等，其频繁程度史无前例。美
135 国、欧洲、澳大利亚和拉丁美洲的民主国家确立政府价格支持计划，规划农业生产和市场。这些国家的民主制度和科学发展能够帮助农民战胜从前的双重剥削制度的大半弊端，但是这种弊端在其他国家仍然存在。

其他国家应对农业危机的措施更加强硬。法西斯国家严格控制农民为政府服务，直至参与战争，但是在这个过程中也采取一定方式管理农业，保证总体粮食供给系统运作正常。墨西哥革命将农民村庄改革为公地组织，强制将从前被地主产业夺走的土地归还村庄。苏维埃革命将村庄转变为集体农庄，是另外一种土地改革。在这两个国家，革命政府承担向新农场提供供给、技术和指导的责任，苏维埃政权还有规划产品种类的责任。但是在所有上述情况中，农民都在社会和政治生活中处于从属地位。他们获得的资助似乎也有些许变质，政府的目标是鼓励农民提高生产积极性，也包括改善农村状况。

在非洲和亚洲辽阔的殖民地区域，白人定居者的多寡决定着殖民政策。在移民殖民地，比如南非、肯尼亚、阿尔及利亚和法属东南亚地区，大萧条时期的政策使欧洲农民受益，欧洲农民从中获得主要利益。本地农民和劳动者所得甚少，甚至一无所得，他们被迫从事低工资劳动，他们往往是半合法的占有者，被迫缴纳高额赋税，并承担其他国家义务。在非移民殖

民地，从黄金海岸到印度，本地农民拥有更多的自由和机遇，但是也必须与本地仗势欺人的地主和贪婪的高利贷者周旋。他们必须通过政府市场管理机构或外国贸易公司出售自己的产品，产品价格仅能够保证这些机构获利，而并不是农民。

在所有国家和地区，政府提供给农民一定程度的技术和材料帮助，但是作为回报，农民必须在某种程度上服从政府，优先供应政府。这种帮助方式起到安全网络的作用，保护农民，间接地保护社会免受自然灾害的威胁。但是这种帮助方式也是农民的枷锁，有时是极为严重的枷锁。因程度不同，这种前所未有的政府反应机制也导致农民前所未有地从属于政府官僚体制。但是农民也拥有一定地位，以保证稳定的农业产量和供应大多数人口的粮食供应量。在第二次世界大战期间及之后，这些倾向继续发展，新制度也随之出现，即大型公司。

延伸阅读 136

Avner Offer, *The First World War: An Agrarian Interpretation*（Oxford: Clarendon Press, 1989）是一项基础研究成果。Ellis Goldberg, "Peasants in Revolt – Egypt 1919。" *Journal of Middle Eastern Studies* 24（1992）对于起义进行了概括论述。Gerald Friesen, *The Canadian Prairies: A History*（Lincoln, NE: University of Nebraska Press, 1984）是一项通俗易懂的研究成果。Deborah Fitzgerald, *Every Farm a Factory*（New Haven, CT: Yale University Press, 2003）梳理了美国农场早期工业化时期的文献。Frank Clarke, *The History of Australia*（Westport, CT: Greenwood Press, 2002）中有很大篇幅论述农业历史。Annie Moulin, *Peasantry and Society in France since 1789*（Cambridge: Cambridge University Press, 1991）以及 Robert Paxton, *French Peasant Fascism*（New York: Oxford University Press, 1998）是该领域核心研究成果。G. E. Mingay, *Land and Society in England, 1750–1980*（London: Longman Group, 1994）十分通俗易懂。Martin Clark, *Modern Italy, 1871–1995*（London, Longman Group, 1996）用较多笔墨论述农业和农民问题。

Richard Grunberge, *The Twelve-Year Reich*（New York: Holt, Rinehart, & Winston, 1971）对于纳粹的农业政策有精辟论述。

Dana Markiewicz, *The Mexican Revolution and the Limits of Agrarian Reform, 1916–1946*（London: Lynne Rienner Publishers, 1993）提出新颖见解。关于阿根廷，参见：Carl Solberg, "Rural Unrest and Agrarian Policy in Argentina, 1912–1930," *Jornal of Interamerican Studies and World Affairs* 13:1（1971），以及 Simon G. Hanson, "Argentine Experience with Farm Relief Measures," *Journal of Farm Economics* 18:3（1936）。关于巴西，参见：Fiona Gordon-Ashworth, "Agricultural Commodity Control under Vargas in Brazil, 1930-45," *Journal of Latin American Studies* 12:1（1980），以及 Mauricio Font, "Coffee Planters, Politics, and Development in Brazil," *Latin American Research Review* 22:3（1987），以及与该文商榷的一篇文章，同上 24:3（1989）。关于俄国和苏联，参见：Mark, B. Tauger, *Natural Disaster and Human Action in the Soviet Famine of 1931–1933*（Pittsburgh: University of Pittsburgh, CREES, Carl Back Papers, 2001）。关于国际粮食贸易活动，参见：Dan Morgan, *Merchants of Grain*（New York: Penguin, 1980）。

关于殖民地问题，参见：C.H. Lee, "The Effects of the Depression on Primary Producing Countries," *Journal of Contemporary History* 4（4）（1969）。关于非洲，参见：Bill Rau, *From Feast to Famine*（London: Zed Books, 1991）；W.E.F. Ward & L. W. White, *East Africa: A Century of Change, 1870–1970*（New York: Africana Publishing Corporation, 1972）；E.A. Brett, *Colonialism and Underdevelopment in East Africa*（New York: NOK Publishers, 1973）；& Robert Maxon, "Where did the Trees Go? The Wattle Bark Industry in Western Kenya, 1932-50," *The International Journal of African Historical Studies* 34（3）（2001）。关于南非，参见：Monica Thompson, Leonard Thompson, eds, *The Oxford History of South Africa*（New York: Oxford University Press, 1971）。
137 关于阿尔及利亚，参见：V.B. Lutsky, *The ModernHistory of Arab Countries*（Moscow: Progress Publishers, 1969），以及 Kjell H. Halversen, "The Colonial Transformation of Agrarian Society in Algeria," *Journal of Peach Research*

15（4）（1978）。关于印度，参见：Shriman Narayan, *The Gandhian Plan of Economic Development for India*（Bombay: Padma Publications, 1944），以及 D.A. Low, *Congress and the Raj*（New Delhi: Oxford University Press, 2004）。

第七章

繁荣与危机：第二次世界大战至21世纪的农业

1940—2000年，世界农业经历过两次主要转型，现代世界农业食品体系形成。在第二次世界大战期间以及随后几十年时间里，美国逐渐统治世界农业，并形成了世界食品体系。从19世纪70年代以来，许多国家成为农业生产大国，成功地与美国形成竞争关系，打破了世界市场的平衡稳定状态。跨国公司利用他们的财富、市场力量和技术专家控制食品消费。造成农民难以摆脱这些公司强加给他们的农产品要求，成为全球食品体系中的农业劳动者。

在世界食品体系发展变化的背景下，农业生产表现出五个特征。包括社会主义国家农业发展迟缓；绿色革命和众多发展中国家食品产量增加；发达国家农业实现工业化，农民数量减少；非洲地区性农业危机出现，出现难以预料的农业技术进步。21世纪初，世界农业体系生产的食品众多，但是主要依赖矿物燃料（煤），全球气候变暖等环境变化威胁并削弱了世界食品安全。

当代农业的发展改变了传统的双重剥削现象。世界各国政府、国际组织和商业公司不约而同地支持农民，并进行科学研究，根据农民利益制定政策，使农民更加有效地投入生产。人类历史上从未出现过这样齐心协力削弱双重剥削现象的举动，帮助农民克服环境困境，并赋予政治权利。然而具有讽刺意义的是，这些努力却导致农民沦落到新的其他类型的剥削体制中。历史上从未出现过如此大规模农民脱离农业的现象，这也是人类历史上第一次全球人口的多数不再是农民。

第二次世界大战和现代农业体系的形成 139

在第二次世界大战之前及期间，美国和欧洲成立相关机构满足第二次世界大战的需求，美国和欧洲的效率已经超过第一次世界大战。1937年英国通过了《农业法》，通过增加补贴鼓励粮食生产。战争期间，政府引导农民将550万英亩的牧场转为农田，粮食产量成倍增长。多数农民配合政府，但英国政府还是惩处了1500名反对执行这项政策的农民。农民使用拖拉机精耕细作，这一模式在战后得到强化。战争征募的男性士兵人数超过2 000万，造成农村劳动力匮乏，部分国家组织城里的妇女和战俘到农村劳动。

第二次世界大战期间美国农产品价格不断上涨，整个农业产业收入增长三倍多。1941年农业集团还通过《斯蒂格尔修正案》（Steagall Amendment），积极支持农产品价格调整。美国战前和战后的农业补贴并不均衡，向富有的大农场主倾斜，对贫困小农的支持锐减。战争激发了美国农民巨大的生产潜力：美国战争期间的消费维持在较高水平，同时根据《租借法案》向38个国家提供食品和出口农产品。

战争期间其他出口国——澳大利亚、新西兰和加拿大的农民和农业，得益于需求增加和价格上涨，表现也十分出色。这些国家也根据《租借法案》，对本国人民实行食品配给，向英国和受捐国提供食品。由于美国的封锁和潜艇应用于战争，拉丁美洲农产品的需求锐减。在美国的支持下，拉丁美洲农业转向满足战争需求，通过增加拉丁美洲各国之间以及拉丁美洲与美国之间的贸易额，拉丁美洲农业逐步恢复。

在苏联、非洲和亚洲，农业环境更为艰难。苏联动员了1.7亿人口中的3 400万人从事战时工业生产，其中包括数以百万计的农民。全国工业几乎全部转向军工生产。留下来的农业劳动力——儿童、妇女、老人和残疾人，使用数量不多的马匹和简陋的工具从事农业生产。国家征收集体和国有农庄的几乎全部农产品。战时农民只能依靠在自己私有土地上种植和养殖的粮食牲畜为生。一些私有农民在城里出售余粮，国家因此下令暂时禁止私人土地扩张。这一限制措施对农业生产造成沉重打击，也可以解释为什么苏联需要美国数以百万吨计的租借食品援助。

140 非洲农民被迫与殖民地需求和内部问题抗争。法国和英国从非洲农村征召30万名非洲人参军，另外还征召更多人运输物资，从事体力劳动。日本占领东南亚地区后，欧洲转而从比（利时）属刚果征召急需的橡胶工人。殖民政府增加农民在橡胶园劳动的义务，招致农民反抗。殖民政府也向农民下达增加上缴经济作物和粮食的命令。在此环境下，局部地区粮食歉收都将可能引发饥荒，导致人口死亡，比如1943—1944年发生在坦噶尼喀的饥荒。在肯尼亚，殖民政府成立食品短缺委员会确保城市食品供应，并应对由干旱引发的饥荒。殖民当局向农民推荐抗旱作物。

纳粹德国农业只能满足其85%的需求。农民逃避政府的配给制度，在黑市上出售粮食，藐视纳粹法令不参加生产劳动。与欧洲其他国家一样，纳粹政府采取各种措施弥补粮食供应不足，在东欧和苏联实行"焦土政策"，用军队搜刮所需粮食，即使导致当地饥荒蔓延也在所不惜。纳粹占领区当局抵制这一政策，因为它打击了当地农民的劳动积极性。战争结束时，战争已经给农业体系造成巨大破坏，德国食品供应减少，经济困难。

1945年至20世纪70年代的农业：分道扬镳、冷战、发展

第二次世界大战后的30年时间里，世界农业与世界经济的其他行业一样，分裂为第一世界的资本主义农业、第二世界的社会主义农业以及摆脱殖民统治刚刚独立的第三世界国家农业。第一世界的农业是其他类型农业的范本，通过经济发展，尤其是通过绿色革命政策和交流，与第三世界国家建立关键性联系。20世纪70年代，众多第三世界国家发展成为农业大国，但是其他落后国家仍然存在许多根本性问题亟待解决。

资本主义世界的农业

从大萧条时期开始，资本主义国家持续实行农业补贴等保护政策，扶持现代化机械和科技化的农业体系。其直接效果就是这些国家的农业部

门中，就业人数急剧下降，与全球化的世界食品体系逐渐融为一体。 141

战争摧毁了欧洲和苏联的农业。1946年旱灾导致粮食大幅减产，并在苏联引发饥荒。欧洲农业食品危机导致很多人在选举中支持共产主义政党。对此，美国国务卿乔治·马歇尔（George Marshall）在1947年6月提议美国开展大规模援助项目，首先是食品援助，帮助欧洲复兴。欧洲复兴计划，又称“马歇尔计划”，为未来25年美国在经济和农业上统治世界奠定了基础。

马歇尔计划之前，美国通过国际会议影响战后世界经济格局。1944年，44个国家在美国新罕布什尔州的布雷顿森林召开世界经济会议，建立战后最重要的国际财经机构（IFIs）：国际复兴开发银行（世界银行）和国际货币基金组织（IMF）。美国分别对这些国家提供长期贷款用于支持大项目建设，提供短期贷款应对财政困难。1948年，八个主要国家在美国的坚持下签署了关贸总协定（GATT），支持除农产品外的自由贸易。最终世界上几乎所有国家都签署了这项协定。

战后联合国成立。1945年10月，英国营养学家约翰·博伊德·奥尔爵士（John Boyd Orr）建立联合国粮农组织，并当选为第一任粮农组织总干事，致力于成立世界粮食委员会向饥荒地区发放粮食。英国、美国和其他国家不同意类似建议，因为这将把这些国家的农民置于非选举机构的控制之下，他们将无法赢得政治支持。

美国成为战后欧洲和刚摆脱殖民统治地区的主要粮食供应者。冷战期间，政府利用美国在世界农业的统治地位吸引第三世界国家脱离苏联，也规避美国限制粮食高产政策的风险。马歇尔计划后，政府又推行一个更大的项目，1954年《农业贸易发展与援助法案》（又称“480公法”，并于20世纪60年代更名为“粮食换和平”计划），向135个国家的1亿多人口提供价格低廉的粮食援助。美国同时还执行其他援助项目。然而，具有讽刺意味的是，这些援助项目却损害了受援国农民的利益。

新技术帮助农民提高产量，提升生产力，甚至超过政策能够消化的程度。根据“粮食换和平”计划，耕地面积将受到控制，在价格支持和出口补贴等手段的支持下，战后几十年时间里数以百万计的美国农民无力支付所 142

需费用，无力弥补损失，被迫放弃农场。农民数量从1940年的700万锐减到2000年的200万。美国南方雇农离乡背井到城市谋生，棉农努力提高棉花种植机械化水平。他们无力与西南地区低价棉花竞争，不得不转向多样化发展。南方农业与美国其他地区的农业一样丧失了独特性。

欧洲农业人口也在减少，但是生产力有所提高。战后欧洲国家实行农业现代化政策。大力提倡农业机械化，引进改良作物，扩大牲畜养殖。这些变化的动因是战后对美国粮食进口的依赖。20世纪50年代英国依然执行食物配给制度，并花费巨资进口粮食。20世纪30—40年代进行的普查结果促使政府改革农业培训和研究状况，刺激国内粮食生产。这些调查和农民、学者组成的政治组织反对土地公有化，相反，他们要求通过科技研究改善农业状况。其他西欧国家也得出类似结论。

从1943年起，意大利退伍老兵返回到南部贫困地区，侵占庄园，共接管了数千公顷土地。1950—1965年政府默许并发起土地改革运动，将67.3万公顷庄园土地分给无地农民。意大利历史上土地占有不均衡状况长期存在，这一改革被视为两千年后完成的格拉古改革。政府提供建议、灌溉设施以及价格支持，许多农民因此获得成功。

西班牙的情况与此相反。弗朗西斯科·佛朗哥将军赢得了1936—1939年内战的胜利，他本来承诺帮助农民，但却恢复了农村大地主的权力。由于粮食产量持续多年下降，1959年佛朗哥下令将西班牙市场向全世界开放。20世纪60年代西班牙经济开始繁荣，劳动力和小农离开村庄进城务工。尽管许多小农场还艰难维生，20世纪70年代时，现代化的大型农场已经统治西班牙农业。

随着欧共体成员方在经济上日益联合，1958年欧洲各国政府签署《共同农业政策》（CAP）。《共同农业政策》为成员方农产品建立统一市场，21世纪初几乎所有东西欧国家都已经成为该联盟成员。《共同农业政策》支持农业科学研究，并对欧洲委员会的农民提供市场和价格支持，这是欧洲委员会的大部分开销。与美国农业法中对于面积分配的规定一样，《共同农业政策》对粮食生产和牲畜养殖也做了限制，这些限制的执行并非完全源自比较优势，更多地来自于疏通工作。西班牙农民生产的牛奶比荷兰和

法国北部农民生产的牛奶更便宜，但是欧洲北部国家农民游说欧盟禁止
西班牙农民生产和销售牛奶，只允许北部国家生产销售。欧洲农业生产出
现大量剩余，但是农民却身陷债务危机，他们不断举行抗议活动，要求获得 143
更多政策支持。

战后美国和欧洲的农业发展得益于政府支持、有利的市场条件、新技术以及非农经济的发展。总体而言农业部门的数量减少，农业生产的效率却呈现增长态势。许多人成为兼职农民，同时在工业部门或在城市从事其他工作，退休农民则依靠政府养老金为生。

社会主义与农业

社会主义国家建立和扩大国有农业部门，在多数情况下实行农业集体化，模仿资本主义大农场建立国营农场。这些国家借鉴资本主义农业模式，致力于发展农业现代化。然而受到贫困状况和意识形态的限制，他们在贸易和技术上与资本主义国家联系十分有限。

东欧国家的农业政策在冷战期间具有核心地位。在几乎所有的东欧国家，农业是最大的经济部门，小部分大土地所有者拥有较大权力。往往首先设置一位共产党员农业部长，他将进行土地改革将地主土地充公并分给农民。削弱地主而赢得了农民的支持，这些措施对社会主义统治至关重要。

夺取政权后，社会主义国家随即开始农业集体化进程。虽然策略相同，比如将富农赶出农村，即便遭遇抵抗，但东欧国家的农业集体化进程比苏联更加谨慎。保加利亚农民比较习惯村庄公共生活，因此接受集体化，并在政府支持下增加粮食生产。波兰的农民和官员抵制集体化，1956 年危机爆发后，集体化政策废除。

第二次世界大战后苏联遭到极大破坏，尤其是农业。2 500 万人在第二次世界大战期间死亡，苏联农业劳动力紧缺，由于军事需要以及纳粹德国的焦土政策，苏联农业损失了许多马匹和拖拉机。1946 年的旱灾不可避免地造成粮食减产，引发饥荒致使 20 万人死亡。苏联政府执行 20 世纪 30 年代食物配给和强化农业劳动政策，苏联农业才从这场饥荒中逐步

恢复，但是农产品的高征收配额和低价格政策仍然保留，这导致陷于贫困的农民心怀不满。

1948 年至 20 世纪 60 年代中期，苏联农业的标志性事件是苏联的农业研究把持在一个伪科学家中，他劝说斯大林苏联农业不需要“西方”科
144 学。1948 年特罗菲姆·李森科（Trofim Lysenko）动用政治关系成为全联盟农业研究中心主任。他和他的同党将许多正直的科学家排挤出研究机构，一些人被投入监狱甚至被处死。

1953 年斯大林去世，苏联农业开始改革。斯大林的继任者尼基塔·赫鲁晓夫（Nikita Khrushchev）将国家采购农产品的价格提高 10%，包括粮食价格，扩大村际农场规模，提供更多的农业机械、农资供应和资金投入。苏联农业现代化进程加快（李森科的影响下降，1964 年他被流放）但补贴更多。20 世纪 60—70 年代，政府给集体和国家农场的农民发放养老金和内部护照，农村人历史上第一次在法律上与城市工人拥有平等地位。

然而，苏联农业的发展还不能满足人口增长需求。赫鲁晓夫重启之前伏尔加“处女地”计划，开展一场建立 3 000 万英亩大农场的运动。处女地开发增加了粮食产量，但长期在这些干旱地区开垦农场存在自然灾害威胁。1963 年的严重旱灾摧毁了这一地区的粮食收成，并造成沙尘暴。1963—1964 年赫鲁晓夫不得不进口 1 700 万吨粮食以应对饥荒和牲畜损失。为了应对这场危机，他的继任者列昂尼德·勃列日涅夫（Leonid Brezhnev）开始重视发展农业和水利灌溉设施。

20 世纪的中国灾难重重，自然灾害、军事失利、外国占领和农民起义不断爆发。1898 年黄河决堤，淹没了 2 500 平方英里土地，加上旱灾和蝗灾的破坏，数以百万计饥民流离失所。部分中国人指责通过“不平等条约”进入中国的外国人要对这些灾害负责，他们恢复秘密组织“义和拳”，在 1899—1900 年间武装攻击外国人，最终在多国干预下被镇压。

民众将不满情绪集中在外国扶持的衰败的清政府身上，农民参与并支持军队在 1911 年推翻了清王朝统治。新成立的中华民国很快陷入军阀混战中，无力应对 1918—1921 年的华北旱灾。中国和几个国家成立“中国国际饥荒救济委员会”，提供食品救济和发展援助，努力提高农业和生活

水平，制止饥荒，该委员会存在 17 年，至 1937 年日本入侵被迫解散。

内战期间，中国出口丝绸和棉花，但军阀政府对农民横征暴敛，同时地主经常霸占农民土地，把农民变为雇农或者是无地劳工，收取高额租金，要求农民承担其他义务。由于经济大萧条以及日本占领中国，20 世纪 30 年代局势更加恶化。

那些年间，中国共产党接受苏维埃党纲：农民作为资本主义落后的阶级，不能成为革命的基础。1926 年年中，蒋介石将军领导的国民党占领了 145
几个军阀统治的地区。在城市知识分子的组织领导下，已经解放的各省农民成立农会。他们接掌地主、帮派和宗教领袖的权力，禁止吸食鸦片、酗酒和赌博，开办学校，提高妇女权利。他们限制租金和高利贷。1927 年冉冉升起的共产党领袖毛泽东写下了一篇熠熠生辉的关于农会的报告。和党内其他人一样，毛泽东开始逐步认识到农民是革命的主要力量。

在军事胜利时期，蒋介石视中国共产党为潜在威胁。1927 年 4 月他在上海大肆屠杀和驱逐共产党人。蒋介石军队还组织地主对抗农会，实行“白色恐怖”。共产党组织抵抗蒋介石的进攻，1934 年开始长征。在撤退期间，共产党调整路线，将农民视为革命的主要力量，毛泽东成为党的领导。共产党最终在边远地区延安结束长征，恢复农会。共产党获得了农民的广泛支持，反观国民党则紧紧依靠地主。

1937 年日本开始侵华战争，共产党组织农民武装，采用游击战术，比国民党更加成功地抵抗日军的围剿。日本战败后，共产党扶持农民的政策战胜国民党依靠地主的政策。1949 年，共产党在内战中打败国民党。

中国共产党的领袖毛泽东开始统治中国，他推行肇始于延安的土地改革运动。农民在公判大会上控诉有权有势的地主阶级对他们的压迫。在土地改革过程中，众多地主被杀。农民在自己的土地上安顿下来后，毛泽东随即开始执行集体化的长期计划。集体化过程与苏联不同，甚少遭遇强烈反抗，因为农民对共产党忠心耿耿，在相同一段时间里，集体化所涉及的农民数量是苏联的四倍。1957 年，90% 以上的农民已经加入农村合作社。

毛泽东和他的追随者十分关注粮食供应、工业化和农业未来需要等问题,他们认为在全国范围内推行农村集体化的“人民公社”是克服粮食紧张的法宝。党的组织者承诺不管吃多少,食堂提供免费伙食,女人也不需要做家务,因为人民公社生产力更高。农民相信党,也相信这些承诺,在完成缴纳公粮任务及储备来年粮食所需后,农民可以在人民公社食堂享
146 受免费伙食。粮食储备很快消耗殆尽。有些地方官员违反自然规律强迫公社农民劳动,如此大规模的组织和管理问题在中国史无前例,导致严重的组织混乱。部分地区发生的旱灾和洪灾加剧了农业的崩溃。

1959年大饥荒导致大量人口死亡。尽管一些省份如实报告了饥荒,但一些省的领导掩盖饥荒危机。在毛泽东看来这些报告反映的是暂时困难,但当这些报告不断汇入中央,毛泽东开始感到危机,终于下令进口粮食。1961年毛泽东将人民公社的权力下放到生产队,后来到村这一主要经济单位。即使在饥荒期间,中国仍然在进行一些根本变革,包括农田水利设施建设;这些措施帮助农业逐步从灾害中恢复,但是与人口或多或少的增长率相比,农业生产增长缓慢。灾害也使很多官员和党员开始反思。

中国共产党全心全意为农民服务,有农民的大力支持,共产党赢得了大革命的胜利,随后将工作重心转向城市和工业。然而毛泽东对饥荒反应和进口粮食的决定部分地改变了他的共产主义政策,表明这个政权依旧关心农民。

共产主义政权至少部分地以农民的名义掌握政权,但是为了国家工业发展目标将农民纳入政府土地制度框架劳动。社会主义制度旨在增加生产,但是这一时期却经历了最严重的自然灾害、管理不当和饥荒。他们的确采取措施来强化和增加农业生产,农民地位在某种程度上比以前任何制度都有所提高。然而,许多农民和政府官员期待着更大规模的改革。

第三世界的农业

20世纪50至60年代,从前的殖民地地区经过长期、复杂的武装斗争,大都摆脱了殖民统治。农业是前殖民地和其他第三世界国家政治经济变化重要的组成部分。所有这些国家的经济主要是农业,战后这些国家都开

始农业现代化进程。

为了实现这些目标，这些国家不得不重建农业体制，减少无地农民数量，但是事实证明土地改革十分复杂，往往是似是而非的过程。他们探索建设繁荣富强国家的道路，这就要求增加粮食产量，其关键在于绿色革命。147
这些政策方向旨在减少或消除农民在社会和环境上遭遇的双重剥削。刚刚摆脱殖民统治的国家、发达国家的支持者以及国际金融组织都希望改善生活条件，赋予农村中从前被压迫的多数人权利。

发展中国家是相互冲突的经济理论的试验场。战后第一个十年，美国和国际金融组织根据现代化理论开展一些计划。这一理论认为美国和欧洲的发展是一个模式，每个国家不可避免要效仿。一些现代化计划取得了成功。比如“杰济拉计划”，该计划在 1925 年至 20 世纪 60 年代在苏丹兴建水利设施，从蓝尼罗河和白尼罗河分流水源灌溉 8 800 平方公里土地。所生产的棉花、小麦和其他粮食作物多年来为苏丹换取大量外汇。

由于计划制定者不能完全理解发展中国家的需要，发展中国家能力也有所局限，其他大项目大多以失败告终。1946 年的“花生计划”，英国殖民当局花费 4 900 万英镑在坦噶尼喀干旱地区组织机械化劳动种植花生，榨取食用油。这一计划遭遇重重阻力，经费被压缩，农机不适应当地条件，饥饿的狮子与大象的侵袭，干旱以及劳工罢工。1951 年这一计划被取消，其间仅生产了 2 000 吨花生。

在非洲，一些大项目重现战后殖民统治特征，通常被认为是对非洲的第二次殖民占领。成千上万的欧洲人移居到非洲希望建立自己的农场和公司。在亚洲，从战争末期开始，亚洲殖民地赢得独立或者为独立而战，并未出现殖民主义二次占领现象。

其他接受社会主义的发展中国家同样出现问题。在坦桑尼亚，理想主义的独裁总统朱利叶斯·尼雷尔（Julius Nyerere）在 1968—1975 年间采用了被称为“乌贾马”（*ujamaa*）的农村社会主义政策。这是一个村庄化计划，在这个干旱国家里生活在自家宅基地上的农民被重新安置在村庄，目标是建立集体农业，生产更多粮食。但是坦桑尼亚粮食产量不高，必须花费大量资金进口粮食。

从政府角度讲，村庄化是一次尝试，但它忽视了集中居住的环境问题，干旱地区比较适合分散的迁移种植。为了强迫农民定居在村庄里，尼雷尔政府的士兵殴打农民并烧毁他们的家园。新村的农业活动迅速耗尽了土壤肥力，导致粮食低产，许多人逃离农村。1975 年政府逐步终止这一政策，但是其他发展中国家采用这一政策却产生了不同凡响的结果。

148 粮食王国美国的土地改革

发展中国家最重要的农业政策是土地改革：剥夺地主土地、种植园或白人定居者的农场，划分小块土地分配给贫困的无地农民。农民和其他与殖民主义战斗的人士要求进行土地改革，消灭支持殖民主义并从中获益的白人定居者和地主。在拉丁美洲，土地改革旨在削弱地主和公司的势力，恢复农村穷人的土地和自治权利，20 世纪 30 年代墨西哥土地改革就是先例。

经济学家和其他专家建议通过土地改革将移民隔绝在城市以外，为工业产品提供市场，为政府提供税收。土地改革承诺将农民留在农村土地，政府将资金投入到工业。粮农组织在 1960 年召开一次国际会议，鼓励相关国家通过土地改革减少发展中国家的贫困现象。土地改革通常还有消弭革命运动的政治目标。在这些国家的历史上，土地改革是最具戏剧性、最暴力、最有政治意义的发展进程。

战后首次土地改革发生在日本。占日本农村大部分人口的雇农家庭向曾经支持日本帝国政府的富有地主缴纳高额租金。1946 年，在议会的支持下，美国占领当局启动均分土地改革计划，政府购买雇农和大土地所有者的土地，分成小块出售给雇农和无地劳工，以从前租金的十分之一的价格抵押。日本土地改革和韩国、中国台湾地区的土地改革一样，都受到价格、信贷和相关研究的支持。在这些国家（地区）中，农业生产发展迅速，为工业增长奠定了基础。20 世纪 50 年代，菲律宾筹划土地改革，此时美国麦卡锡主义盛极一时，美国政治局势在其中发挥了副作用。由于担心因支持土地改革被扣上“共产主义者”的帽子，美国立法者支持菲律宾大土地所有者继续保有权力。

自由世界的最大规模的土地改革发生在南亚，1947 年印度殖民地分裂为独立的印度和巴基斯坦。南亚次大陆农民运动的呼声主要是废除印度地主和其他大地主的地产，取消他们的特权。这些地主支持印度国民议会和穆斯林联盟。导致独立政府对此要求摇摆不定。

战后南亚农民运动要求土地改革。最大的一次农民运动于 1946 年发生在海得拉巴邦（Hyderabad）的特兰伽纳（Telangana）。土邦君主尼扎姆在拥有欠债农民的当地地主支持下，企图脱离印度国家。1948 年，印度 149
政府攻陷海得拉巴邦，尼扎姆战败，印度共产党领导的起义农民接管地主土地，解放债务劳工，赶走或杀死地主，重新分配地主土地。然而，打败尼扎姆后，印度政府专注于镇压农民运动，尽管农民运动实际上削弱了尼扎姆的抵抗势力。

特兰伽纳暴力运动促使甘地的追随者维诺巴·巴维（Vinobha Bhave）于 1951 年开始在不丹开展赠地或免费赠送运动以规避暴力运动。他和他的追随者走村串户，呼吁地主将土地捐给穷人。地主虽然捐出 270 多万英亩土地，但基本上是最贫瘠的土地，土地分配不均现象在印度农村依然存在。

新兴的独立国家的总理贾瓦哈拉尔·尼赫鲁（Jawaharlal Nehru）和他的经济规划师将主要精力集中在增加生产上，并非平等和改革。他们认为大农业更加现代化，更能提高生产力。但是，国会党派领导承诺废除印度地主和其他地主团体。中央政府允许各邦根据自身情况制定农业法律，从 20 世纪 40 年代末开始，各州开始实行改革。一些地主企图隐瞒所拥有土地数量，但是农民抗议，土地接管者被迫分配土地。大多数印度地主的土地被收缴分配，但他们大多仍然保有地方政治权力。喀拉拉邦（Kerala），拥有两个强大的共产主义党派和印度教以及基督教人口，实行了最为行之有效的改革，消灭了不在地地主制度、农奴和雇农制度，将土地转给种植者。但是无地、债务束缚和其他农业剥削关系在印度依然存在。

巴基斯坦政府也同样面临着农民的诉求，但是巴基斯坦的领导人本身就是地主。独立时不足 1% 的地主拥有 25% 的耕地，而 65% 的农民仅拥有 15% 的土地，巴基斯坦存在大量贫困的雇农和无地劳工。1959 年和 1972 年巴基斯坦两次宣布土地改革，将可拥有的免税土地面积减少为灌溉地 150 英亩和非灌溉地 300 英亩。1977 年改革者总统祖尔菲卡·阿里·布托（Zulfikar Ali Bhutto）采取措施继续降低土地限制额，这成为齐亚·哈克（Zia al-Haq）将军政变的导火索之一，布托被驱逐后被处死。尽管有这些法律规定，巴基斯坦的地主只上缴了 400 万英亩土地分配给贫苦农民，仅占总耕地数的 8%。后来政府不再执行这些法律，小农日益消失，中农和地主势力上升。在南部信德省，地主拥有 180 万名债务农民。

孟加拉 85% 为农村人口，政府几次启动土地改革，但因为农民贫困和
150 政府官僚腐败，这些改革都以失败告终。孟加拉无地农民从 1947 年不足农民总数的 10% 增加到 2009 年的 60% 多。总而言之，南亚的土地改革只是大幅度提升了农民和农村劳动力的地位，印度比巴基斯坦和孟加拉的效果更加明显。

战后非洲数十个殖民地获得独立，其他国家也经历过剧烈的政治变革；几乎所有这些变化都对农业产生影响。拥有大量欧洲定居者的非洲国家被迫进行土地改革，但经历各不相同。

肯尼亚的土地改革使很多非洲人受益，但是白人殖民者妄图用最后一搏进行阻止。土地改革的主要内容是控制白人霸占的肥沃高地。英国殖民者在那里建立大量农场，由 25 万名依靠小块耕地谋生的穷人劳动。战后定居者和殖民当局企图驱赶非法占有者，用机械化代替非法占有者劳作，雇用穷人从事强制劳动。

1952 年，这样那样的滥用权力行为激起了非洲人反抗英国殖民者及其非洲走狗的“茅茅起义”。英国人终于发现他们必须首先解决非洲农业问题。他们镇压起义，将反叛者的土地充公，并将数以千计非洲人关押到集中营，重新安置 100 万非洲人，并将他们与反叛者隔离开来。1954 年《斯温纳顿计划》（Swynnerton Plan）将土地政策重新定位在非洲人拥有小块土地。20 世纪 70 年代，700 万公顷土地已经分配给成千上万的非洲人。对非洲经济作物种植的限制取消，科研推广项目实施，并且向农民提供资金援助。1959 年，这些改革措施使非洲农业产量增长三倍。白人殖民者开始撤离。为援助农村穷人和无地农民，1961 年政府发起“百万英亩计划”，120 万英亩土地调拨给 3 500 个农场，进而分配给无地的非洲人。

尽管富有的非洲商人和政府官员也占用了部分白人殖民者撤离时抛弃的土地，但是仍然有超过三分之二的前白人农场土地被纳入5万个非洲农场。20世纪70年代，尽管肯尼亚仍然有许多贫困无地的农民，但是政府已经拥有庞大而稳定的农民队伍和农业部门。土地改革在埃及和其他非洲国家也相继展开，结果也不尽相同。

战后几十年拉丁美洲各国的土地改革也表现出多样性特点，在缘起、特征和效果上千差万别。美国政府对美洲国家的影响力通常决定着土地改革的结果。波多黎各和危地马拉就是两个对比鲜明的例子。

1900年波多黎各成为美国领土，其经济主要被美国的蔗糖农场垄断，这些农场非法征用土地，农民丧失土地，贫穷无助。20世纪40年代末期，在日本进行土地改革的时候，美国和波多黎各当局则以补偿方式征用五大蔗糖农场土地。政府并未将这些大农场分化为小农场，而是将它们转变为“比例利润农场”，这些农场规模大，工人和管理者共享利润，基本是一个商业化集体农场。这个农场取得成功并提高了生活水平。 151

由于联合水果公司拥有并经营大片香蕉种植园，危地马拉事实上长期处于美国的间接统治下，但是联合水果公司的香蕉种植园只使用其拥有土地的一小部分。1952—1954年，新当选总统哈科沃•阿本斯上尉（Jacopo Arbenz）秘密与危地马拉共产党合作，从联合水果公司征用40万英亩土地，按照公司自己的土地估价进行赔偿。联合水果公司报告美国中央情报局负责人阿兰•杜勒斯（Allen Dulles）说阿本斯是共产党。1954年美国中央情报局和心怀不满的军官推翻了阿本斯统治，改革失败。随后政府武装镇压贫困农民的抗议示威，杀害了25万名抗议者。具有讽刺意味的是，1958年美国政府发现联合水果公司违反香蕉产业的反垄断法，该公司在危地马拉的香蕉农场被没收。

其他拉丁美洲国家也有着独特的土地改革历程。在委瑞内拉，来自石油销售的收入保证政府有足够资金补偿20世纪60年代早期土地改革中遭受损失的地主。地主甚至组织雇农要求土地改革以提高土地售价，让他们能够搬到城市里生活。20世纪60年代秘鲁仍然保有庄园和奴隶劳动者。出身农民家庭的独裁者贝拉斯科•阿尔瓦拉多（Velasco Alvarado）

将军在1968—1975年间征用大部分大地主地产分配给农民。1975年，这项政策导致粮食供应短缺，进而引发政变，阿尔瓦拉多的统治被推翻，此时秘鲁农业以家庭农场为主，已非剥削制度的庄园。

两个拉丁美洲国家在社会主义政府领导下进行土地改革，总的来说效果较好。1960年代，智利2%的人口拥有80%的土地，农民沦为债务苦工。劳工运动、左翼政党和家庭农场主迫切要求土地改革。1964—1970年，基督教民主人士爱德华多·弗雷（Eduardo Frei）在美国中央情报局支持下当选总统，他征用经营不善的农场中300万公顷土地分给2万名工人和农民。共产党人萨尔瓦多·阿连德（Salvador Allende）在1970年大选中获胜，他继续执行弗雷的土地改革计划，但是有些激进的追随者非法占据200座农场。1973年奥古斯托·皮诺切特（Augusto Pinochet）将军在美国的支持下推翻阿连德政府，他将非法改革的土地据为己有，其他合法改革的农场则维持现状。尽管在众多事务中存在激烈冲突，智利农业仍然从大地产者和无地劳工对立转变为小型和中型企业化农场。

1959年，菲德尔·卡斯特罗（Fidel Castro）接管古巴，卡斯特罗成为总理，他将蔗糖庄园国有化，使之成为农民合作社，最多允许拥有67公顷土地。这项改革将古巴经济主要出口部门纳入国家掌控，小农场主的数量增
152 长三倍，失地的劳工阶层成为农民阶级。然而卡斯特罗并没有强迫古巴农民加入集体农场。自愿集体化运动于1977年开始并逐步深入，国家对集体农场的资金投入逐步下降。在社会主义的古巴，大多数农民依然拥有独立身份，给予国家有力的支持。

有些国家并不适合进行土地改革：巴西和阿根廷仍然维持大地产制。有些国家也没有实行土地改革，因为他们从来没有成为殖民地，几乎没有任何大的种植园或殖民庄园。这些国家包括科特迪瓦、加纳和马拉维等。

土地改革的历史反映了每个国家政治经济的发展模式。例如，日本政治经济改革比较成功，土地改革也同样取得成功。与此形成对比，在危地马拉，联合水果公司的统治使土地改革遇挫，危地马拉的民主进程也遭遇挫折。在这两个极端之间，肯尼亚、智利和古巴的土地改革显著提高了

农民生活，但也有妥协和局限，反映了这些国家其他方面因素对土地改革的影响。土地改革与民族解放运动类似，在某种程度上也是民族解放运动时代的延续，比如在意大利等地，它部分地满足了贫困无地农民长期以来对土地的渴求。改革至少暂时性地减缓或消除了农民遭受外部农业社会的剥削程度。

农业技术革命：绿色革命

绿色革命是指20世纪50—70年代因农民使用高产水稻和小麦，许多发展中国家粮食产量大幅增加。粮食增产的主要原因是由私人资助、政府机构和大学共同发起的国际性研究成果运用到农业生产，在世界范围内形成研究网络合作提高粮食产量。

绿色革命源于日本和美国对于种植品种的创新。19世纪日本农民培育了矮种水稻和小麦，根茎厚实，产量高。这些经验丰富的“老农”（rono）成为1868年明治维新后日本政府提高粮食生产，支持工业发展的基础。新政府支持“明治农法”（*Meiji Noho*）或明治农业生产方式，高产的“施肥水稻文化”。1877年一位日本农民发现一种极其高产的水稻品种*Shinriki*，又称“上帝力量”，到1920年已经成为日本主要水稻品种。第一次世界大战期间物质短缺，价格昂贵，引发了1918年的“抢米暴动”。为了克服物资短缺困难，政府召集科学家着手培育适合日本占领的台湾地区和朝鲜自然条件的品种，很快粮食产量出现剩余。

这一时期美国的农业学家发现通过纯种杂交来培育杂交或者具有杂 153
交活力的新品种可以提高产量。育种人亨利•A. 华莱士（Henry A.Wallace）是农民、农业记者、美国农业部秘书之子，1926年他创办一家名为良种先锋的种子公司，1944年销售额已经达到7 000万美元。当时美国种植的多数粮食作物都是杂交品种。

在品种革新过程中，第二次世界大战期间植物真菌病——锈病导致墨西哥连续三年小麦歉收，1943年墨西哥政府呼吁美国政府提供援助。美国政府向墨西哥推荐洛克菲勒基金会，洛克菲勒基金会转而向明尼苏达大学求助，明尼苏达大学拥有优秀的锈病专家埃尔文·斯塔克曼（Elvin Stakman）。斯塔克曼组织专家组前往墨西哥进行调查。1942 年专家组成员诺曼·E. 博洛格（Norman E. Borlaug）在斯塔克曼指导下完成博士学业。

专家组启动植物育种计划培训墨西哥科学家。随后几年他们培育出既能抗锈病，又适宜墨西哥自然条件且高产的小麦品种。然而，博洛格发现该品种仍有改进潜力。1945—1946 年，美国从日本引进矮麦品种“农林 10 号”，培育出秆茎小穗大的品种。这是 19 世纪培育出的老农品种与美国和俄罗斯品种杂交的后代。博洛格和他的团队耗时七年时间用老农品种培育出抗锈病品种，最终他们培育出具有基因特征的品种。

20 世纪 50 年代，博洛格开始培育矮小麦，他使用大剂量化肥巩固秆茎，使其结出更多粮食，而不会因为结满麦穗而伏秆。培育者将这一品种称为高产品种，或者是 HYV。这一项目组织墨西哥的地主培育种子分发给农民，1956 年墨西哥小麦已经可以自给自足。成功的关键是“综合效应”：育种、施肥、充足的灌溉，而且研究者坚持认为这样的投入可以适用于任何规模的农场。博洛格的研究中心根据西班牙语写法重新命名为玉米小麦改良中心（CIMMYT）。

随后博洛格前往亚洲游说推广这些品种。20 世纪 60 年代他会晤巴基斯坦、印度的领导人和科学家，推荐他们试种这一新品种。20 世纪 60 年代中期，印度于 1965—1966 年爆发饥荒，博洛格会见经历过粮食歉收的官员，使他们很快同意试种新品种。这些国家选种新品种，粮食产量急剧增加，饥饿和营养不良的人数开始下降。

由于这些成就，1970 年博洛格被授予诺贝尔和平奖。高产品种的增
154 产第一次赋予农民对抗自然的武器。他们有能力积储粮食抵抗粮食歉收，并且在下一年种植其他品种。在获奖致辞中，博洛格将他的成功轻描淡写地描述为延缓不可避免的“人口怪物”增长的威胁，如果不采取措施，人口增长速度将超过粮食产量增加的速度。

高产水稻的培育同样聚焦于高产的矮化品种。另一位美国人亨利·比切尔（Henry Beachell）是菲律宾国际水稻研究中心（IRRI，这是另外一个绿色革命期间的研究中心）的水稻培育项目负责人，他识别出一种坚实

的矮稻品种，具有抗倒伏、成熟快的特点，使用化肥后的产量是普通水稻的10倍。这一被称为IR8号（奇迹稻）的品种帮助菲律宾实现水稻自给自足。然而农民抱怨用奇迹稻煮饭口感不好，易受病虫害侵袭。比切尔和研究中心成员又培育出IR36号，它成熟快，抗病害，口感好，研究中心将这一品种推广给全世界数百万农民。

印度是国家绿色革命的另外一个受益者。印度效仿苏联实行工业化，实施五年计划，但是20世纪50年代印度粮食仍然依赖进口。1959年一份美国专家的报告预计，到1970年印度将出现粮食严重短缺，因此尼赫鲁将工业化政策向发展农业转变。

尼赫鲁的继任者拉尔•夏斯特里（Lal Shastri）在1964年和英迪拉•甘地（Indira Gandhi）在1966年先后提出印度需要加速发展农业。他们任命精力充沛的农业部长齐丹巴拉姆•萨勃拉曼尼亚（Chidambaram Subramanian）推行农业现代化，引进高产新品种。1965—1966年，印度遭遇持续两年的严重粮食歉收，被迫进口1 000万吨粮食。20世纪60年代中期，印度科学家与美国及其他国家科学家合作在印度推广新品种。1968年大面积种植高产作物，粮食第一次获得大丰收，小麦丰产，学校不得不停课用来储存粮食。

绿色革命导致农业生产和粮食供给持续增长。发展中国家种植高产水稻和小麦的面积从1965—1966年的4.1万公顷增加到1970—1971年间的5050万公顷。2000年全世界可能将有20亿人依赖高产作物生存。取得这些成功的部分原因是化肥生产增加。国际玉米小麦改良中心和国际水稻研究中心的工作使国际金融组织和基金会下定决心组建国际农业研究机构网络，改善特殊区域的农业生产。国际农业研究磋商组织（CGIAR）由世界银行资助，至今已经建立15个中心。

博洛格和其他参与绿色革命的人士认为创新适用于任何规模的农
场，不会导致农民贫富分化。亚洲许多小规模生产的农民采用高产作物综 155
合生产法，但是还有许多人无力负担整套生产方式。大地主认识到高产作物综合生产法是一个发展契机，能够生产大量粮食供应国内和国际市场。他们将雇农从土地上赶走，购买拖拉机，只使用少量劳动力。绿色革命兴起后的十年间，巴基斯坦进口了10余万台拖拉机。尽管这些农民成为专供出口的资产阶级企业家，但是许多村民因工作机会减少而日益贫困，不得不离家去城市谋生。在墨西哥，高产小麦综合生产法对众多贫穷的农民而言太过昂贵，大约200名富有的企业家很快主宰了墨西哥农业，墨西哥粮食暂时实现自给自足。

费用对个体农民只是问题的一部分。绿色革命也依赖政府对基础设施建设和研究的长期投入。20世纪70—80年代，肯尼亚、津巴布韦和尼日利亚政府都对本土研究提供财政扶持，培育适应本地条件的玉米、木薯和其他粮食高产品种，粮食获得大丰收。但是，这些项目的最大获益者仍然是少数生产出口粮食的富裕农民。尽管粮食丰收已经实现，但是许多非洲国家仍然依靠进口粮食援助。

世界农业的全球化及其负面影响(1970—2000年)

尽管存在这样那样的不足，绿色革命成功地增加了粮食供给，发达国家和发展中国家似乎都已经渡过饥荒，进入农业的稳定发展期。但是，一些意外事件中断了战后相对稳定的世界农业发展局面。粮食歉收造成了不可逆转的后果。非农事件导致第三世界国家向美国大额借债，导致20世纪80年代严重的国际债务危机爆发，以另一种方式影响着农业。"新兴农业国家"与美国和欧洲竞争。农业高度工业化引起技术和环境问题，在全世界出现并威胁着人类生存。

1970—1986年的农业危机

20世纪70年代一连串的事件开始分裂世界粮食体系。尼克松政府改变美国粮食贸易政策，取消运输限制，要求申请许可证并事先告知美国政府。尼克松政府允许美元对世界其他国家货币浮动，美元贬值也导致美国出口产品价格更加便宜。

156 1971—1975年苏联遭遇严重的粮食歉收，但是同时他们又大量饲养牲畜增加肉类消费。理查德•尼克松（Richard Nixon）和他的顾问亨利•基辛格（Henry Kissinger）抓住这个机会与苏联展开军备竞赛，促使苏联继续大规模研发武器。尼克松和基辛格也希望通过美国粮食销售平衡美国贸易。

1972 年苏联利用尼克松政策松动的机会迅速从美国低价购买 2 300 万吨粮食。全球的商品交易所发现粮食价格如火箭般直线上升。发展中国家无力购买本国人民所需粮食。美国农民和农业部视苏联为巨大的潜在粮食市场。美国农业部长厄尔•布茨（Earl Butz）建议美国农民"密不透风"地种植粮食作物。美国农民寄希望于国际粮食销售和美国出口补贴，许多人大量贷款扩大农场，加快现代化速度，参与大规模炒作农产品，这种农场被称为"博彩农场"。美国农民投入 4 000 万英亩土地用于生产。贷款利率开始增加，土地价格翻倍，农产品价格提高，农民有信心偿还债务。加拿大农民也加入到贷款扩张农业的运动中。

另外还有一个发展因素，为报复美国在 1973 年中东战争中支持以色列，石油输出国组织（OPEC）的石油卡特尔提高石油价格。各个石油公司短期内积聚大量现金储存在商业银行，它们开始大量放贷，尤其针对第三世界国家。许多国家借贷，部分被贪污腐败者瓜分，部分用于支持新发展计划或者用于经济作物生产。

与此同时，其他几个地区，包括印度和中国在内，也遭受旱灾，粮食歉收。非洲撒哈拉沙漠以南的萨赫勒地区也经历了几场旱灾，尽管 20 世纪 50 年代气候相对湿润，新兴的后殖民国家政府并未下定决心扭转局势。之后，1968—1974 年萨赫勒地区遭遇干旱。埃塞俄比亚的海尔•塞拉西（Haile Selassie）政府没有对这场危机予以足够重视，军队粮食供应出现短缺，导致 1974 年政变。在萨赫勒西部，许多农民种植经济作物或花生用于出口，他们与牧民争地，牧民的活动区域一般都分布在拓荒者建造的水井周围。20 世纪 60 年代，种植和放牧以及稍早爆发的干旱导致土壤肥力严重枯竭，政府并未采取任何缓解措施。

20 世纪 70 年代早期干旱肆虐，乍得湖成为一个个水塘。数百万民众面临饥荒，饥民成家成户地死亡，成千上万人逃离这一地区，大多进入难民

营，世界各国媒体播出了大肚细腿的儿童的画面。国外的救援姗姗来迟，
157 有些甚至提供已被污染而不能食用的食品，救援行动并未阻止饥荒的蔓延。成千上万人饿死或生病。然而旱灾期间这一地区仍然生产并出口棉花、花生和其他作物。为了应对危机，世界银行总裁罗伯特·麦克纳马拉（Robert McNamera）再次强调将信贷发展计划从工业转向扶贫，同时汇入私人银行的放贷大潮中。

世界农业债务危机

粮食歉收、粮价高昂以及绿色革命和改良技术的传播对农民造成前所未有的影响。20 世纪 70 年代中期，许多国家在世界市场上出售农产品，导致农产品价格下跌。苏联开始摆脱粮食歉收危机。美国联邦储备委员会用高利率应对通货膨胀，并降低土地价格提高美元价值，农产品销售因此受到影响。为了回应苏联入侵阿富汗，吉米·卡特（Jimmy Carter）总统禁止美国向苏联出口粮食，转而向其他贸易国出口粮食，苏联开始寻找其他稳定的粮食进口渠道。

20 世纪 80 年代，美国和其他国家帮助发展中国家生产粮食的努力取得成效，美国粮食帝国的地位动摇。由于绿色革命，印度成为农业出口国，1985 年农产品出口额已经达到 10 亿美元，并且能够向埃塞俄比亚提供粮食援助。印度尼西亚从前大量进口水稻，现在已经做到粮食自足。日本和其他东亚小国出现周期性稻谷过剩现象。巴西、阿根廷、澳大利亚和加拿大总共有 4 000 万英亩耕地。欧盟从进口国变为出口国。需要购买美国产品的国家越来越少，但是由于新技术的使用和投入增加，美国农产品产量依旧持续增长。

粮食供应增加导致世界粮食平均价格从 71% 降至 50%。利率因此上涨。收入高于 50 万美元的富裕农民能够承受高利率，但是中等收入的农民家庭在农民中占据大部分，他们无力偿还债务。美国农产品的 60% 用于国内销售，另外 25% 用于出口，大约 15% 左右的农产品基本无处销售，靠政府的信贷和私人贷款度日。

20 世纪 70 年代，美国农民以一己之身应对政府的农业信贷政策，与

同时期发展中国家银行设法将石油获利借贷出去的做法如出一辙。私人银行积极向农民贷款，世界银行和国际金融组织等大放贷者以较低利息向发展中国家贷款。这些放贷者都向债务人承诺还款容易。拉丁美洲国家的债务从 1973 年的 350 亿美元增加到 1983 年的 3 500 亿美元，亚洲和 158
非洲国家债务同样增加。贷款利率差别很大。20 世纪 70 年代末期，借贷机构增加贷款投入，导致通货膨胀，利率提高，但是经济却未出现增长，这种现象为称为“滞胀”。20 世纪 70 年代粮食价格上涨，农民贷款扩大种植规模，产品销售依赖国外市场和大粮食贸易公司。

19 世纪 80 年代至 20 世纪 30 年代间，美国农民反复遭遇国外市场波动。第二次世界大战以来的三十年间，美国以价格补贴的形式向发展中国家出口援助粮食。导致这些国家粮食价格大幅下降，当地小农无力竞争，陷入债务危机，不得不背井离乡前往贫民区谋生度日。20 世纪 80 年代，来自其他国家的农产品导致美国农产品价格下降，美国农民无力偿还债务，丧失抵押品赎回权的美国农民失去土地。

20 世纪 80 年代中期是美国农业债务高峰期，每年都有数千个农民家庭为抵押债务而失去土地。有些农民杀害银行官员，更多农民自杀。农民自杀率是美国全国人口平均自杀率的两倍。众多机构开通救助热线，供有自杀念头的农民拨通热线求助。

一些农民展开政治行动。1978 年，在爆发危机之初就有一些农民成立美国农业运动组织，开着拖拉机去华盛顿特区，举行“拖拉机游行”。尽管国会增加少量农业拨款，但仍令农民失望。在次年更加激进的拖拉机游行中，他们阻塞交通，和警察发生冲突。这次公开冲突导致运动分裂，一部分人组成说客团体，另外一部分人成为事故的替罪羊沦为边缘群体。

里根政府上台后，提出“大政府”理念，着手改革农业立法以减少补贴。农业危机引发公众的强烈反映，电影《家园》（*Country*）和“振兴农业大型户外演唱会”等公众事件都支持民众要求，当局被迫采取行动。里根政府放弃了取消价格支持的动议，记载显示，1983 年政府花费 510 亿美元援助农业。

同时，几十个身背美国债务的国家在 20 世纪 80 年代经济困难时期继续执行还贷计划。因为大多数债务国是农业国，依赖农产品出口换回硬通货币偿还债务，国际商品供过于求以及价格低廉导致这些债务国获利越发困难。第三世界巨大的债务危机和美国农业债务危机爆发有相同原
159 因。发展中国家举债主要用于支付临时性开支，包括日益增加的石油花销，如同美国农民在春天借钱支付劳动开销，希望丰收后偿还债务。

面对巨大的债务危机，国际金融组织宣布之前的扶贫信贷政策失败，但是它们也不支持里根政府的援助美国农民政策。相反，国际金融组织赞同美国政府的国内结构调整政策。发展中国家获得新贷款前必须偿还原有贷款，各国领导人必须赞成市场和出口领域的相关政策。这些政策包括削减政府开支，包括医疗、教育、农业补贴，不惜任何代价发展出口经济等。出口优先政策可能威胁国内粮食安全，国际金融组织坚持认为发达国家能够有效地生产大宗廉价粮食，发展中国家只需用出口获利就可以轻松进口粮食。

面临结构调整（SAPs）的多数国家在非洲，小部分在亚洲和拉丁美洲。即便这些国家同意实施这些计划，他们也不可能严格按照规定条款执行。一些国家一边开放市场，一边继续补贴农业。在大多数情况下，结构调整计划强加给给这些国家的农业附加义务很难实现。一个主要原因是许多发展中国家相互竞争，争夺向强国，尤其是美国、欧洲和日本出口同类产品的机会，这些强国则对农业采取保护主义的政策，这使得它们在与发展中国家的农业贸易中占据明显优势。

许多甚至是大多数发展中国家的农民从土地改革和引进新品种中获益，但是最终沦为新型社会的附庸。他们深陷国家债务，努力通过廉价劳动与第一世界获得补贴的农民竞争。发展中国家和发达国家的农民为偿清国家或银行的债务激烈竞争，出售自己的产品，挣扎在破产边缘。

社会主义体制内的市场转型

20 世纪 70 年代末期至 20 世纪 90 年代，经济落后、效率低下和政治不满在共产党政权和其他重要的社会主义国家逐渐积聚，已经达到危险边缘，政治领袖势力被削弱，有的改革者上台。这些政权最终垮台，新型民

主国家致力于农业私有化和市场化改革。这些变化与国际金融组织的政策相吻合，世界银行积极干预，指导并鼓励市场改革，却时而与农民的愿望相违背。

在东方集团国家和苏联，这些变化源自苏联领导人米哈伊尔·戈尔巴乔夫（Mikhail Gorbachev）提出的苏联朝着公开性、问责性、开放性改革或重组的思路。这些改革导致 1988—1989 年间东欧社会主义政权被推翻。 160
民主国家随即建立，所有国家都将残存的集体和国营农场私有化，并邀请西方国家的顾问帮助其农场达到欧洲标准。21 世纪这些国家的农业体系已融入到结构调整计划中。这就要求这些新成员国削减或者取缔与结构调整计划的老成员国竞争的主要农业部门。

包括俄罗斯、乌克兰和中亚国家在内的前苏联国家向市场经济过渡的难度更大。私有化改革争论十分激烈，比如俄罗斯。但是仍然有多数旧的集体和国营农场成功转型。在俄罗斯和乌克兰，大农场转制为联合股份公司，员工拥有农场股份并保有离开和建立私营农场的权利。2005 年，俄罗斯 80% 的农场土地被大农场的继承者获得，各类私营农场包括家庭土地只占 20%。20 世纪 90 年代的经济转型导致农业产量大幅下降，但 20 世纪末期农业生产已经逐步恢复。主要问题是能否得到信贷和其他财政支持，资本主义国家农民同样也面临这个问题。

在哈萨克斯坦，从前的集体和国营农场大都在赫鲁晓夫“处女地计划”时期建立，这个时期发展成为“农业企业”，产量占全国产量的三分之二。约 20 万名私有农民用落后的设备生产的粮食大约占全国产量的三分之一，大量家庭小农场拥有国家大部分牲畜。其中规模最大的是“农业控股公司”，为企业提供资金和销售市场，控制广大地区和众多农业企业。政府是所有土地的所有者，也是整个体系的后盾。后苏联时代，哈萨克斯坦农业更加自由，公有化和私有化参半，并且残留着苏联体制的特征。国际农业研究磋商小组和其他机构也在这个地区开展援助项目。

中国是最重要的社会主义农业地区，经历过最剧烈的转型。1962 年饥荒爆发至 1976 年毛泽东逝世，政府努力保证集体农场顺利运作，并没有受到大跃进的影响。1964 年毛泽东号召“农业学大寨”，政府鼓励兴建集体农场，派出数百万农民到大寨参观。大寨人民公社组织集体生产，恢复种植高产品种，进行多样化生产，并建设当地工业。大寨村的领导者陈永贵成为周恩来总理领导下的中国政府副总理。

然而，农民和许多官员私下里仍然希望恢复家庭农业。社会主义中
161 国将其作为一个选择，称包产到户或家庭联产承包责任制。农民劝说官员同意实行包产到户，有些地方赞同这一做法，向官方调查组隐瞒情况。公社组织农业基础设施建设，比如水利设施等，但是粮食产量无法满足人口增长的需要，缺口达 1 000 万吨。

1976 年毛泽东逝世，局势发生根本改变。以邓小平为首的改革者公开批评集体农场制度，农民利用行政控制松弛的机会，私下取消了公社制度。他们用高产博得地方官员同意，实行家庭联产承包责任制。1960 年安徽省遭遇严重饥荒，1978 年的旱灾毁掉粮食收成，安徽省委决定将粮食歉收的土地"借"给农民个人。农民热情高涨，种植了 30 多万亩土地，产量比上年增加 50%。

1978 年秋政府统计清楚地显示：实行家庭联产承包责任制的地区粮食收成相对更好，尽管此举与当时中央政府的政策不符。媒体称赞包产到户，安徽省委书记万里因此而成为国务院副总理（取代来自大寨村的前副总理）。1981 年党员和专家会议决定改变农业政策，实施"家庭联产承包责任制"。这时大多数公社已经将村里土地分给"队"，这是官方对于以家庭为单位的组织的称谓。俗话说，就是"生米已经煮成熟饭"。就连大寨村也开始分土地。最终土地改革没有出现暴力，几乎没有遭遇抵制。类似改革也在越南社会主义国家展开。

阿尔及利亚也经历了从社会主义农业向私有化的转型。1954 年法国殖民者虐待阿尔及利亚农民和市民激起武装反抗，1962 年阿尔及利亚人赶走法国人。新成立的社会主义国家将拥有 230 万英亩土地的大农场转为国有，大力发展重工业。然而在新兴国营农场，阿尔及利亚农民仍然使用传统生产方式，粮食产量无法满足人口增长的需要，阿尔及利亚只能依靠粮食进口。20 世纪 70 年代的社会主义改革并没有扭转这一局势。20 世纪 80 年代新任总统沙德利·本·杰迪德（Chaddi Benjedid）继续执行

主要的社会主义政策，进行农业私有化变革，扩大农业服务范围，取消价格控制。城镇物价上涨（1988 年爆发粮食暴动），但是粮食产量大幅增长，大部分粮食作物都能自给自足。

在墨西哥，1991 年的市场改革终结了革命时期的土地改革。卡德纳斯卸任后，政府的政策从集体合作农场与划分土地转变为支持个人拥有土地，进行私有化改革。农民要求获得更多土地。1967 年，农民组织的“穷人党”占领南部的庄园，与大庄园所有者发生冲突。1974 年政府镇压了农民起义，但路易斯·埃切维里亚（Luis Echeverrria）总统进行最后一次土地改革，甚至号召农民夺取地主土地。

墨西哥 3 万个公田庄园占地 1.03 亿公顷，是全国可耕地面积的一半， 162
350 万个家族领袖是公田的主人。改革的目标是通过禁止出售公田土地以制约土地集中倾向，19 世纪土地集中曾导致众多农民一无所有。然而地方官员和权贵人物公田私用。可资利用土地已经无法满足公田人口增长的需要。家族土地通常只有一个儿子可以拥有。失地短工和公田主人邻里在公田内生活，与英国传统市民中的无地雇工相似。公田主人形成乡绅阶级，其他包括公田主人无地的亲戚在内的人沦为被统治者。

20 世纪 80 年代经济危机导致墨西哥无力偿还大量外债。国际金融组织要求墨西哥进行结构调整。部分在美国接受教育的墨西哥新领导人开始着手废除半社会主义的土地改革政策。根据世界银行的统计，20 世纪 90 年代改革者修改宪法，允许公田及其成员的土地转为私有财产。改革也取消了国家进行大地产土地改革的责任。21 世纪大部分公田都发生变化，但土著人口众多的省份，比如恰帕斯和瓦哈卡，抵制这些政策。私有化改革的结果是一小部分公田主人获得更多土地，从小老板转型为商人的外地人以及国家官员开始囤积大量土地，让人恍若回到了 19 世纪。

世纪之交的农产品加工业和全球界限

许多研究，包括经济理论和国家政策研究，长期将农业和工业归属于不同部门，往往将农业置于支持工业发展的地位。第二次世界大战以来，农业和工业稳步发展，相互之间的依赖性越来越强。农业生产和工业生产一样使用机械，矿物燃料（煤）和先进技术。大型公司逐渐介入农业生产管理。21 世纪前 10 年世界农业大半已经成为全球工业经济的组成部分。

然而农业在某些方面仍然有别于其他工业部门，近来粮食生产对工业的依赖已经给全世界带来极大风险。粮食的生产过程早于其他任何产品生产。与工业生产的原材料相比，生命形态更加复杂，鲜为人知晓。世界人口和农业生产的重要性意味着任何变化都会对环境和生存带来严重的和难以预料的后果。本节将讨论部分农产品加工业主体构成情况、其后果及应对措施。

163 **石油依赖**

现代农业融入工业主要表现在使用矿物燃料（煤）、农业机械化和产品运输等方面。美国农民在第一次世界大战期间开始使用内燃机牵引拖拉机，此后机械化规模迅速扩展。拖拉机、收割机和其他机械设备比牛马更易驾驭，能够大大提高粮食产量，粮食主要用于销售，并非用于喂养食草动物。美国农民是其他国家农民的榜样，后者或迟或早都沿用这种模式。苏联领导人认为机械化就是现代化，他们大力推广拖拉机。20 世纪 80 年代，苏联拥有的拖拉机数量超过美国（备件使用）。战后欧洲、亚洲和拉丁美洲的农民大规模使用农业机械。许多新型机械也被开发出来，比如挤奶机、棉花、蔬菜和木本作物收割机。

依赖大量能源的食品加工业更早实现机械化，使用范围更广。对食品加工机的需求是推动农民接受机械化，使用其他现代设备的主要动力。19 世纪食品加工业从农业中分离出来，食品加工是农业工业化的重要部分，因为它导致农民的专业技能遭到严格控制，产品必须符合加工机的要求。

农产品运输是农业依赖矿物燃料（煤）的另一个重要方面。发达国家和发展中国家消费的食品，甚至农民消费的食品都需要运输。19 世纪艾奥瓦州仍然出产苹果，但目前艾奥瓦州的苹果全部来自华盛顿和纽约。瑞典一项对日常菜篮子的研究发现，菜篮子中各种农产品的运送距离相当于绕地球一圈。专业化区域生产的农产品进行远程交易，尽管需要运输成本，但能够减轻农民的价格负担。

农业投入也需要矿物燃料（煤），尤其是化肥。土壤肥力下降是一个古老的问题，直到今天依然是痼疾。美国农民每年损失的表层土达数百万吨，非洲大部分土壤极度贫瘠。中国农民栽种水稻、使用天然肥料恢复土壤肥力。美国、欧洲和其他许多国家的农民则孜孜以求效果更好的化肥。

1908—1914年两名德国化学家弗里茨·哈伯（Fritz Haber）和卡尔·博
施（Carl Bosch）发明一个复杂的程序从空气中提取氮元素再转化成氨元素，
并投入工业生产。这一程序需要极高的温度、压力和提取氢的天然气，这
些都需要矿物燃料（煤）机械。两位科学家因此成就获得诺贝尔奖，他们
发明的这个程序也可用于武器炸药生产。第二次世界大战后军用哈伯— 164
博施处理器转为民用，用于生产化肥。使用化肥有助于粮食增产，尤其成
为绿色革命综合应用技术的主要内容。这种肥料所增加的产量保证了20
亿人口的生存所需。世界上大多数人体内都有哈伯—博施处理器生产的
氮元素。

农药也十分重要，也产自矿物燃料（煤）。迄今为止最重要的农药是滴滴涕（DDT，双对氯苯基三氯乙烷）类的有机氯。瑞士化学家保尔·穆勒（Paul Müller）在20世纪30年代发现滴滴涕能有效杀死害虫。他因此获得诺贝尔奖。战争期间美国生产大量的滴滴涕用来消灭虱子和传播疟疾的蚊子。战后大量的滴滴涕被用于农业，20世纪50—70年代平均每年使用4万吨。很快更多品类的农药从中分离生产出来，包括狄氏剂、2.4-D等。

然而在20世纪50年代，这些害虫对农药产生抗药性。这类农药在杀死害虫的同时也杀死益虫，新的虫害问题出现。食用死亡昆虫的鸟类也被杀死。有的农药使用者中毒身亡，农药使用者癌症发病率上升。1962年德高望重的自然科学家蕾切尔·卡森发表了《寂静的春天》一书，详细阐述了农药的致癌危害和其他问题。尽管争论激烈，20世纪70年代，她的结论说服了国会通过法令禁止使用滴滴涕。化学公司开发的新农药对环境造成污染。许多从一开始就使用农药的农民，被束缚在“农药传送带”上，需要定期使用新型杀虫剂对抗已经产生抗药性的害虫。

世界上多数人口生存所需粮食都需要矿物燃料（煤）生产、加工和运

输。尽管16世纪以来粮食运输规模不断扩大，但大多数人赖以生存的粮食从未像现在这样依赖非粮食资源。

畜牧业革命

农业工业化引发的一个重要问题是畜产品产量大幅提高。18世纪美国农民饲养牲畜处理余粮。20世纪末期，世界农业日益重视牲畜生产。美国和其他国家许多耕地种植玉米和豆类，用于饲养家畜或者出口到其他国家喂养牲畜，包括养牛、养鱼等饲养产业。

第二次世界大战以来牲畜生产呈现明显工业化发展趋势。大型饲养场饲养的牛、猪等动物最多可达上千头，家畜被圈养在畜棚里，机械化的传
165 送带屠宰牲畜，传送带速度很快，经常对从事宰杀、清空内脏和分割家畜的工人造成伤害。亨利·福特（Henry Ford）在一次参观牛肉加工厂后，发明了流水线作业流程。家禽同样饲养在能容纳上万只禽类的大型饲养场内，污秽的环境使得十分之一的家禽在发育前死掉。集中饲养大量动物容易造成疾病传播，动物必须注射抗生素以防止大规模死亡，这就使人类暴露在微量药物元素下，为抗药性细菌发展创造了条件。

工业化的家畜养殖业对环境和人类健康造成严重影响。家畜制造的温室气体占总量的18%，其中80%来自农业。三分之一到二分之一的农业用水受到污染，特别在集中饲养的饲养场。家畜饲养需要开发土地，这是造成栖息地破坏，生物多样性丧失的主要原因。

家畜暴涨造成的最大危害是"疯牛病"爆发，源于加工被废弃的家畜内脏等。家畜饲养产生大量的内脏和其他废弃物。加工者将这些废弃物经过高温加热生产出骨粉、牛脂或"罐头"。1912年斯威夫特公司首次使用这类经过处理的食物饲养猪，因此获得1914年国际家畜展示会大奖。第二次世界大战后，肉类需求迅速增加，内脏产出增加，加工者处理后用于饲养家畜、鱼甚至宠物。

20世纪60年代中期起，家畜在户外吃草的时间越来越少，更多的时间是圈养在室内食用经过科学配比的饲料，直到达到规定体重。20世纪70年代，加工者使用动物血、蹄、羽毛、锯末、报纸、水泥粉尘、发电厂和核

电站的废水以及病死动物的残骸以及被虫和啮齿动物污染的食物加工饲料，饲养家畜。20 世纪 80 年代，大部分商业化养殖的家畜都用其他动物残余物加工后的饲料饲养。

疯牛病起源于痒病，这是一种鲜为人知的羊类疾病：患病动物不停地摩擦树干止痒，步履蹒跚，最终倒地致死。疯牛病最早在 1985 年春天发现，英格兰一头呈痒病症状的牛死亡。几个月时间里，发现数十例病例，研究表明病牛和患痒病的羊同样出现大脑海绵状症状。1987 年的研究发现疯牛病与用处理的羊内脏饲养动物有关。

与此同时，对人类类似疾病——克雅氏病（CJD）的研究，分离出一种致病介质，是一种被称为朊病毒的蛋白混合物，高温和抗菌药都不能破坏这种病毒。1993 年一名常吃汉堡包的英国少女死亡，症状类似克雅氏病。
其他的病例随后大量出现。最初英国政府认为这种病威胁程度很低，迟迟 166
没有采取措施。由于公众抗议日盛，其他国家拒绝购买英国食品，英国政府被迫销毁数百万只易患病或可能患病的动物。

美国家畜饲养和加工工业规模庞大，政府机构否认美国存在疯牛病发生的可能性。公司通过司法程序阻止公众对美国食品质量提出质疑。各种出版物的宣传使公众相信美国的牛肉是安全的。但是在美国一些地方还是发现了疯牛病。

转基因农业

高科技用于农业表现在转基因生物生产中。与工业高科技相同，转基因技术的发展提出技术资本主义支配农业的问题，尤其是在比较贫穷的国家。

日本栽种矮化品种作物，美国的杂交玉米以及绿色革命都见证了人类改变农作物基因的努力。但是所有这些都局限在改进植物自身基因潜能的范畴，目标只是强化植物自身特性。转基因品种（GMO）培育者则设法将植物不能自然获得的其他品种的特性和基因引入到某种植物中，使之发生重大变化。这种方法于 1983 年开始出现，研究者将来自于一个细胞的转基因物质转移到另一个细菌体中。20 世纪 90 年代从事基因项目研究的公司已经为数不少，第一个主要问题出现：政府如何规范这类研究。

基因公司——最重要的公司是孟山都（Monsanto）——与以科学作家杰里米·里夫金（Jeremy Rifkin）为首的，包括环境组织和农民组织在内的生物技术派发生激烈争论，左右着公众意见。里根和老布什政府均支持转基因技术，但是食品和药品部门不愿承担此类风险。1992年美国政府指出，如果转基因品种在实质上与非转基因品种无差别，那么转基因农业是安全的。经济合作与发展组织（OECD）和克林顿政府颁布了这一标准。环境组织、食品安全组织以及农民组织发起国际性运动抵制转基因作物。他们认为转基因作物是危险的、令人厌恶的，极力阻止夜晚在试验田里种植转基因作物的研究。

转基因农业再次引发新品种与专利关系的法律争论。美国农业试验者路德·伯班克早在20世纪初就已经批评国会在提及惠及众人的品种时却对自己的名字避而不提。后来美国和欧洲法律赋予农业试验者一定的权利，并在1972年迈出了重要一步，这一年通用公司的微生物学家阿南
167 达·恰卡巴蒂（Ananda Charkabarty）培育了能消化石油的细菌，并提出专利申请。因为是对活体申请专利，美国专利局拒绝了他的申请，但是1980年高等法院推翻了这一裁决，并决定任何物质都可申请专利。

恰卡巴蒂仅发现细菌间基因交换的结果。但是公司很快利用法院的裁定，将所有能够申请专利的发明都申请专利，包括几千年来农民种植的品种。得克萨斯的一家公司为变化细微的印度巴斯马蒂（basmati）水稻申请专利，印度政府将此申请提交法院裁决，因新品种与旧品种本质相同，2001年专利署拒绝此项专利申请。来自第三世界的批评家，如印度的范兰达·西瓦（Vandana Shiva）称之为“生物剽窃”。

孟山都公司是20世纪80—90年代转基因生物热潮时规模最大的转基因公司。20世纪80年代，孟山都公司开始关注转基因农业。1995年，新总裁罗伯特·夏皮罗（Robert Shapiro）律师出售公司的化学分厂，收购种子公司，孟山都公司因此成为世界上最大的种子公司。夏皮罗确定公司的宗旨是通过销售转基因作物和其他产品造福人类。

孟山都和其他一些公司主要生产两种产品。第一类是玉米、大豆和

油菜转基因种子，这些种子植入一种细菌（苏云金芽胞杆菌，Bt）基因。这种基因能在植物体发挥杀虫剂的作用，抵御害虫威胁。第二类是转基因棉花品种，这一品种移入了该公司生产的能够抵御除威力强大的除草剂的基因，农民可以喷洒农药除草而不损害棉花。美国、加拿大和其他一些国家广泛种植苏云金芽胞杆菌作物。但是当公司计划将苏云金芽胞杆菌大豆种子卖给欧洲农民时，遭到农民有机作物种植者和环保主义者的强烈抵制。他们阻止这些种子运输和销售，并清除这类植物，要求食品公司在包装上标明是否含有转基因成份等内容。欧洲议会支持这一要求。就这一点而言，孟山都公司员工也不认可这些产品，他们也不满意公司对欧洲人诉求所持的傲慢态度。最终夏皮罗就公司的行为作出公开道歉。

转基因生产者也会犯错。研究发现帝王蝶的幼虫吃了苏云金芽胞杆菌作物的花粉后纷纷死亡。另一个发现的是仅用于动物饲料的星联玉米制作的玉米饼。在墨西哥的瓦哈卡（Oaxaha）州，从事古老玉米品种研究的瓦维洛夫中心发现苏云金芽胞杆菌玉米基因。这导致当地农民违反墨西哥法律种植转基因玉米，转基因作物侵入非转基因品种。在美国，使用孟山都公司种子的农民必须签署合同保证他们不会使用自己种植的种子。孟山都公司严格监督农田，发现一个加拿大农民种植转基因作物，但遭到这位农民的否认。对孟山都公司而言，这是一个极大的丑闻。其他农 168
民也抱怨其咄咄逼人、仗势欺人的作风。

转基因农业的积极作用十分有限。转基因作物减少了农药消耗，但是与非转基因品种相比，产量较低。孟山都公司培育出抗破坏性病毒的甜土豆，并免费提供给非洲农民。转基因农业潜力广阔但也存在风险，在美国国内外，转基因品种生产者应该更加关注公众需要，更加重视传统品种种植者的权利。

企业和农民的关系

农业工业化和畜牧业革命导致农民日益依赖大公司。“农业综合企业”一词指现代化农业企业，包括所有涉及农业贸易的企业。畜牧业革命帮助众多种植玉米和大豆的农民有利可图，他们种植的玉米和大豆既可直接饲养动物，也可以间接地成为饲料作物的肥料。嘉吉公司为农民提供便利，以利于企业投入资金，收购饲料作物。嘉吉公司花费数十亿美元疏浚密西西比河和巴拿马运河河道，以利于收购大豆的出口船只通行。

农产品销售额巨大，但是美国公司比农民获益更多。在整个世界粮食体系中，农民参与的规模较小，相对独立，并且需要自己投入资金，签署购买协议，承担主要风险，但是该体系对农民的保护十分有限。像嘉吉、泰森食品等大型跨国公司在粮食和日益增加的家畜保存和交易活动中占据支配地位。为了与这些公司建立贸易关系，农民必须根据粮食和家畜生产标准进行生产，有时甚至和大公司一样，自行购买种子或动物幼仔，并承担其他投入支出。

在这样的环境下，农民会很容易深陷债务危机，导致破产。20 世纪 80 年代农业危机频发。成功的农民管理大公司，拥有大量现金，在加利福尼亚等地区依靠工资低廉的劳工和雇农劳动。一个产值 25 万美元的农场在支付所有开销后仅余不足 2 万美元利润。某种程度上这些农民是现代版的英国 19 世纪“高地农民”或罗马大庄园主。但是他们受教育程度更高，获得信息渠道更加便利，思想更加开放，有能力应对困境。

另一方面，许多农民，甚至是富裕农民，与雇农一样从事劳动，农场则属于大公司和富有投资者。美国有线电视新闻网创始人泰德·特纳（Ted Turner）可能是美国最大的土地所有者，他拥有的农场占地 200 万英亩。
169 其他拥有大农场的公司雇佣合同农民在农场劳动。因此，农场在资金投入、运作和市场等方面与公司结成一体。

当然在比较贫穷的国家，农民更加贫困，也存在大土地所有者剥削劳工现象。但是，他们与美国农民日益接近，为农业综合企业生产粮食和家畜。比如，2005—2006 年的禽流感疫情，人们首先指责小规模的家庭养鸡场，随后追根溯源至泰国的卜蜂公司，这是亚洲最大的家禽生产商。像泰森食品公司和其他公司一样，卜蜂公司利用大孵化场孵化种鸡，之后发放给签署合同的农户饲养。

并不是所有农民都青睐公司管理。20 世纪 90 年代墨西哥私有化就是一个例证，因此签署的北美自由贸易协定（NAFTA）向外国投资商和贸易商开放墨西哥市场。北美自由贸易协定允许接受补贴的美国农产品进口，导致很多墨西哥农民破产，墨西哥的许多农场被美国公司控制，按照美国的模式进行改造。尽管很多农民非法移民美国或进入城市，但是恰帕斯州农民等组建萨帕塔民族解放军。新成立的萨帕塔民族解放军要求废除北美自由贸易协定，采取措施保护墨西哥农民和农业。他们和政府陷入长期的政治甚至军事冲突，政府被迫做出妥协。

除了债务，或者说债务对农民的意义，农民也意识到，无论他们收入如何，他们都必须努力并且渴望获得独立和竞争力，否则他们只能被排除在全球粮食生产企业体系之外。即使美国、欧洲、日本接受补贴的农民依然处于从属地位，境遇只是略好于从前。

当代事务

地区问题

21 世纪某些特定国家和地区将会对世界农业和经济产生影响。

巴西快速发展，成为仅次于美国的第二大农业国。巴西从未实行真正具有重大意义的土地改革。1950 年，0.6% 的农民（富裕地主）拥有 50% 的土地，80% 的农民（最贫困的农民）仅拥有 3% 的土地，无地农民占大多数。1964 年军事政变后，军事领导人开始进行农业工业化和现代化改革。他们建立农业研究机构，恢复瓦尔加斯总统时期启动的生物燃料项目，减 170
少石油使用。20 世纪 80 年代，巴西被迫进行结构调整，其现代化农业部门顺利转型。巴西是仅次于美国的第二大大豆生产国，并且其生产的橙汁 80% 用于出口，牛的饲养量全球第一。牛肉出口占世界市场的 30%，巴西还计划将这一份额翻番。

地主和日益减少的为地主工作的劳工是巴西农业发展的受益者。20 世纪 80 年代新兴的无地工人运动（MST）要求进行土地改革，工人侵占废弃土地。1995 年费尔南多 • 卡多佐（Fernando Cardoso）总统实施小规模土地改革，更多、更大规模的土地改革尚无条件实行。巴西和其他某些国家不再是农民社会，反而在农业和其他领域与第一世界国家竞争。与新兴

工业化国家（NICs）和地区，比如泰国和中国台湾相比，部分学者称巴西和其他某些国家为新兴农业国（NACs）

巴西雄心勃勃的农业发展政策以牺牲亚马逊雨林这个巴西最重要的环境资源为代价。20 世纪 60 年代，森林保护计划才提上日程，但政府随即改变政策砍伐森林，将林地用于农业生产。政府鼓励小农前往森林安家，牧场主焚烧亚马逊雨林——面积相当于葡萄牙领土面积——用于放牧牲畜，建立大型屠宰场加工牲畜并且销售至市场。

与此相比，非洲发展潜力更加巨大。非洲农业产量下降导致进口粮食需求增加。20 世纪 80 年代非洲遭遇旱灾，爆发"非洲农业危机"。环境问题是引发非洲农业危机的主要因素。战后的发展援助和殖民地遗留问题导致问题更加复杂。发展援助主要集中在生产供市场所需粮食的农场，少数富有的官僚从中获益。数量众多的自给自足的农民只能获得一小部分援助。为了缓解饥荒危机，来自美国和欧洲的接受补贴的农民提供粮食援助，以低价出售。城市民众从中受益，但是却以牺牲农民为代价，非洲本地粮食生产者遭受损失。

援助计划侧重于城市和富人，数以百万计的农民被迫抛弃土地涌入城市的贫民窟。一般情况下，男人进城，妇女留在农村干农活，这导致农业产量下降。大片农民荒废的土地被富有的非洲商人、外国农业公司获得，种植单一经济作物，收割后土地裸露在外，受干旱气候和暴雨的侵蚀，土壤养分流失。

土壤在非洲是一个棘手问题。1980 年津巴布韦在长达七年的独立战争中取得胜利后，穆加贝（Mugabe）总统开始进行适度的土地改革。但是
171 白人农民拒绝交出农场。在保护区居住的非洲人对此日渐不满。2000 年穆加贝实行"加速"土地改革计划，授权非洲人接管白人殖民者的农场。与肯尼亚的白人殖民者地产一样，津巴布韦白人农场大多分配给政府官员。在南非，新成立的后种族隔离政府承诺实行土地改革。但是只占人口 5% 的白人农民拥有 87% 的耕地，生产的农产品占总量的 80% 多。拥有 50 万人口的非洲人只生产占总量 5% 的农产品，与其他非洲人一样，依赖占总量 15% 的土地为生。进入 21 世纪，政府的许诺没有实现，幻想破灭的农民开始占领白人地产。

非洲农业问题的背后还隐藏着人类免疫缺陷病毒（HIV）疫情传播的问题，该病毒导致众多农民死亡，这些农民依然掌握非洲粮食作物、密集种植技术等传统知识，掌握着快速恢复土壤肥力的知识。

中国人口和财富的快速增长可能对未来世界农业产生决定性影响。20 世纪 70 年代开始的改革进行到 20 世纪 80 年代中期时，中国农业产量增加 50%，部分原因在于引进高产的水稻和小麦品种。当新品种达到生产极限时，农业增长速度开始放慢。家庭承包阻碍了粮食生产，因为承包家庭必须生产一定份额的粮食低价卖给国家。

中国也大力发展城市工业。政府设法通过高税收来弥补基础设施建设和人力成本的不足。农民离开农村前往城市谋生，留下来的农民接管了他们的土地。

这些问题背后是中国拥有世界 7% 的耕地，却要养活占全球人口总量 20% 的基本国情。中国城市发展以牺牲农民利益和土地为代价。在最近出版的《谁将养活中国？》一书中，经济学家莱斯特·布朗（Lester Brown）说，中国的财富和对粮食的需求使之有能力购买世界大部分的出口粮食从而严重阻断世界粮食经济的发展。中国的解决之道是把成千上万的中国人送到国外兴建农场，生产粮食以满足中国之需。75 万多名中国人到达非洲，租赁数百万英亩土地种植油棕、棉花和其他作物出口到中国。

其他许多国家，包括曾是殖民地的第三世界国家也在非洲扩大企业控制规模。这样的投资能够部分地造福非洲国家，但是如果强行推行这种 172
做法会出现无法预料的后果。2008 年韩国大宇公司与表面上实行民主政治的马达加斯加政府签署协议，租赁马达加斯加几乎一半的耕地，计 130 万公顷土地种植玉米和油棕，却忽视了当地农民的土地占有情况及历史传统。大规模的抗议行动爆发，马达加斯加军队推翻了政府，协议取消。此时大宇公司仍然拥有 20 万公顷土地。

农业和农业人口的下降

20 世纪多数国家的农民人数及其所占人口比例大幅度下降。在美国，雇佣劳工的比例从 1900 年的 41% 下降到 2000 年的 1.9%。即使在中国，

2003 年也只有 44% 的人口在农村劳动，但是在农村生活的人口仍然有 60%。许多村庄发展手工业，其他农村地区则成为农民工的流出地。20 世纪 60 年代，尽管苏联执行“内部护照”（internal passport）制度，其大多数人口仍然成为非农业人口，也不居住在农村，这一时期多数东欧国家也纷纷效仿。在墨西哥、阿根廷、智利、古巴和其他拉丁美洲国家，同样大多数人口是城市人口。

在世界大多数地区，“城市”意味着一个拥有整齐的街道和高楼大厦的中心，周围是棚户区、贫民窟以及当地贫民所搭建的违章建筑。在坦桑尼亚的达累斯萨拉姆，在不断增长的城市居民中，其中三分之二是农民。城市农民，大多数是妇女，种植粮食、饲养牲畜，获得家庭生计所需的收入。

然而，城市化是农村社会解体的加速器。在美国，由于破产农民越来越多，银行和公司随之破产，留在农村的人是那些不能离开农村的人：包括依靠养老金生活的老人、利用优惠政策到农村买房的人以及继续坚守的农民。农村成为新的贫民窟。农民运动和右翼激进分子的活动在一些地区死灰复燃。在欧洲、日本，以及其他许多发展中国家，农村衰落现象同样清晰可见。努力实现现代化的发展中国家的农民也像美国农民一样深陷债务危机，当债务威胁到他们的生计时，政府往往缺乏资源和政治意愿来帮助他们。农民通常付诸暴力摆脱困境。

但是农民的暴力直接反映在农民自己身上。联合国发现，一个国际
173 性的农民自杀危机正在形成，主要原因是经济压力大，在国际市场竞争中丧失独立地位。印度 1991 年向国际贸易市场开放，超过 20 万名农民因此自杀。由于印度政府和私人企业不提供充足的小额信贷和保险业务支持市场改革，小农不得不借高利贷。自杀和同样的问题也发生在许多发展中国家。与其他国家相比，英国农民自杀现象更加普遍。自从 20 世纪 90 年代的农业危机以来，尽管热线电话依然发挥作用，劝阻意图自杀者，美国自杀农民数量也显著上升。

除去这些极端例子，农业似乎是正在消失的行业。据估计，美国农民的平均年龄为 50—60 岁，十分接近退休年龄。其他许多国家的农民也一样，比其他行业的工人年龄更大。即使在中国，农民的平均年龄因区域不

同局限在在40—50岁之间。中国官方报告显示，在许多农村地区，年轻人进城，只留下爷爷奶奶在家种粮。就世界范围而言，农民遇到的疾病和生理问题比其他部门的工人多，包括：长期暴露在阳光下和化学品里致癌，暴露于作物和化学粉尘所致“农民肺病”、因事故失去四肢以及从事农业而带来的心理压力等。农民因退休、农田废弃而自杀或者死亡不仅是个人悲剧，对世界而言还是宝贵的知识和经历随之消失的损失。

全球变暖与农业

尽管全球变暖是由于地球气候自然循环所致，还是来自于人类使用能源所排放的温室气体所致存在争议，但似乎可以肯定的是，全球变暖在未来几十年会持续加重。19世纪末期，全球变暖开始影响世界农业，日益严重的全球变暖问题可能比人类历史上任何事件对农业的破坏都更大。最严重的后果来自于最清楚的变暖过程的证据：可能仅仅因为气候变化导致世界冰川日益消融。

对农业而言最重要的冰川是位于喜马拉雅山和青藏高原的冰川，因
为它们滋养着恒河、长江和黄河。恒河及其支流为超过4亿人口提供生活
用水并灌溉印度大量土地；长江及其支流滋养着中国5亿人口，灌溉中国
一半的水稻田。这两个国家生产的小麦、水稻以及其他粮食作物产量高于
美国，大部分粮食生产需要灌溉。恒河和长江流量减少，水位降低，水资源 174
供应下降，需要用水泵和机井从更底层获得水资源浇灌农田。

全球变暖也提高了温带地区——包括美国、加拿大和俄罗斯在内的国家——的气温。高温可能有助于增加粮食产量，但也有可能引发更严重、持续时间更长的干旱。2006年，加利福尼亚持续三周气温高于100华氏度，热浪袭击期间，尽管农民搭建风扇为牛降温，但还是有数千头牛死亡。仅一个县的损失就高达8 500万美元。因为灌溉和城市用水，美国有些河流即使在夏天也已经干涸，比如哥伦比亚河。

其他地区也面临着严重问题。中非特别是撒哈拉地区，预计到2050年，生长期温度将达到新高，超过目前农民和任何作物适应的气候极限。在南美，拥有许多河流源头的安第斯冰川正在消融。

石油峰值与农业

正如以上所讨论的，现代农业依赖矿物燃料（煤）。20世纪50年代，石油地质学家M. 金•哈伯特（M.King Hubbert）提出所有油井都有相同运转模式，产量迅速增长达到高峰然后开始下降。他认为这一模式同样适用于全球石油生产。石油产量可能下降的论断要求农业必须做出改变，比以往农业史上任何时期的变化都要大、都要迅速。由于苏联解体，有两个国家在20世纪90年代至21世纪出现石油供应中断，为全球未来的变化敲响了警钟。

朝鲜效仿苏联按照工业模式实行农业集体化，大力依赖使用矿物燃料（煤）的动力机械。1991年苏联解体，俄罗斯和中国要求朝鲜以硬通货购买石油，但是朝鲜没有。这导致工厂关闭，农业重新回到依靠手工和畜力阶段，1994—1996年连续三年的洪灾摧毁了朝鲜农业。西方媒体描述了饥荒情形，朝鲜发生的饥荒从根本上是农业工业化崩溃的噩梦。

古巴是另一个被苏联解体击毁的共产主义国家。俄罗斯新政府停止向古巴提供廉价石油，停止以世界市场5倍的价格购买古巴蔗糖。粮食生产和消费下降。古巴人消费的粮食甚至不足美国人的最低标准，古巴人均消费仅75磅。卡斯特罗征求农业专家的意见，政府积极启动一系列农业改革措施。这些措施包括实行密集有机农业满足国内需求。专家也提出解决本地农业问题的办法，包括自然虫害控制技术和复合化肥技术。

175 哈伯特所说的全球范围的石油峰值的到来蕴含着难以想象的变化。一些人认为世界最终会回到中世纪甚至古代的农业生产方式，可能会产生新型奴隶制。

可持续发展

在整个世界到达这个峰值之前，现存农业体系已经出现很多不可持续发展的迹象，换句话说，现存农业体系必然对自然环境造成严重破坏，生产效率必然低下。卡森在《寂静的春天》里提到，当害虫产生抗药性，农业发展就将停滞，这是其中一个例子，也是一个普遍问题。化肥和农药渗透到地下水里，流进河湖江海，毒死鱼类或导致藻类大量繁殖，水里缺氧，水栖生物无法生存，也威胁到人类的用水安全。大规模的家畜饲养场或养鸡场在有些地方被潟湖包围在中央，所产生的数百万加仑的废物渗透或者溢出到当地的水体中和农田里，气味难闻，当地人罹患疾病。研究人员想方设法应对这些问题，有难有易。

越来越多的公司控制世界粮食体系，也威胁到农作物的遗传基础，不同种类的动植物共存的生物多样性降低。亚马逊地区和其他地区毁林垦田，扩张农业，执行食品标准，要求农民统一种植玉米、香蕉或养鸡，导致粮食和家畜的数量与品种减少。统一化带来严重后果。爱尔兰马铃薯饥荒既是植物病毒所致，也是爱尔兰人统一种植马铃薯所致。19 世纪末至 20 世纪初，香蕉贸易中主要交易格罗斯·米歇尔品种（Gros Michel）。尽管农民努力防治，但是具有毁灭性的真菌疾病——巴拿马病仍然迅速扩散，1960 年格罗斯·米歇尔品种已经不能继续种植。幸运的是，科学家发现了抗病品种——卡文迪什香蕉品种，农民和农业公司花费数十亿美元栽种这一品种。然而另一种植物疾病正威胁着卡文迪什香蕉品种，又是一个因基因统一导致的病种。

农业科学家正在齐心协力防止现存生物多样性继续消失。一些国家的瓦维洛夫中心（世界主要粮食和家畜品种起源地）的研究者，致力于将这些地区作为主要基因资源加以保护。多数国际农业研究磋商小组和许多其他的研究中心保存种子。如果出现环境问题，比如最近乌干达爆发的锈病 Ug99，威胁到世界小麦生产安全，研究者将用这些收藏的种子培育新
品种。最大和最重要的保护中心是“世界末日种子库”，这是一幢 500 英 176
尺长的建筑，埋在挪威和北极之间斯瓦尔巴德群岛（Svalbard Islands）废弃的矿井下。2008 年这一建筑对外开放，在华氏零下 4 度的气温条件下 300 万个不同物种至少能保存 1 500 年。

农民和农业专家提出两个相关办法解决不可持续性和统一性问题：即有机农业和可持续发展农业。有机农业形成于战争期间，英国、美国的农业科学家、作家和农民对农业中不断增加的使用人工化肥和其他化学品提出担忧。有机农业的主要传播者是作家 J. I. 罗代尔（J. I. Rodale）创

办的罗代尔出版社，提倡不施化肥的农业。

人类历史上多数时期的农业生产都是有机农业，直到19世纪开始使用人工化肥，20世纪使用农药。20世纪40—60年代，农民和农业科学家以放弃有机农业为时尚，认为不使用化肥的农业是落后农业，也不可行。卡森《寂静的春天》一书出版后，公众日益重视她所预言的危险，日益要求禁止使用某些种类的农药，农民和农业科学家开始更加严肃地对待有机农业。21世纪，美国农业部和许多国家的农业机构设置有机农业标准，许多零售商开始买卖有机农产品，或者专卖这类产品。由于径流农业和大农场对环境、人类造成危害，更大规模的有机农业生产对公众的健康十分必要。

可持续农业发展趋势在农业专家、农民和消费者中不断高涨，它是解决农业工业化问题最可行的途径。这一途径不仅包括不损害农业环境又能不断持续发展，也包括养活农民以及农村社会和依赖农业生活的城市社会的可持续农业发展。可持续农业努力解决的一个经典问题是美国大平原农业。这一地区十分干旱，农民依赖中央枢纽灌溉系统从奥加拉拉（Ogallala）含水层抽水灌溉。抽水过多致使含水层位置下降一半，抽水日益困难。长久以来含水层抽水已经基本没有可能，不仅这一地区的农业已经不可能继续进行，就连整个地区都将变成鬼城，没有生命存在。同时这一地区的农业和养牛业毁坏了大片草场，平原比以前更容易遭遇腐蚀、沙暴和表层土流失问题。

可持续农业要求人们以适应性强、灵活和理解的方式从事农业生产，
177 选择与环境相协调的物种、家畜和生产方法。这一方法有别于多数现代农业视土地为海绵可以包纳粮食和化肥的方法。可持续农业的部分内容是恢复传统农业教育，20世纪多数时间里传统农业被认为是落后的，生产力低下，但是它不会像现代农业那样对环境和人类社会造成巨大的，甚至是无法弥补的损害，传统农业几千年来供养着人类，尽管曾经出现过严重的停滞阶段。如果石油峰值的警告最终实现，那么可持续农业是人类生存唯一的选择。

结 论

从第二次世界大战到21世纪，世界农业发生显著变化。变化的核心因素是世界史无前例地关注农民和农业，第一次建立全球性的联合国粮农组织和国际农业研究磋商小组帮助农民。此外，政府的农业部门、大学里的农业研究项目和其他教育研究机构、非政府组织和农民群体在世界范围内的几乎每个国家都普遍增加。

这种全球普遍关注农业的趋势导致巨大变化。一系列史无前例的改革使农民获利。政府和公司对农民及其生产活动的帮助超过以往任何时候，从补贴项目和纯应用研究到灵活借贷、咨询甚至建立预防自杀热线。与从前相比，技术改造，包括新机械、化肥和农业，尤其是绿色革命和转基因农业的发展等，使得农民不需太多努力，也不用过多操心，就能生产出更多农产品。许多国家政府实施的土地改革给农民个人提供了比以前更多的机会，解决了部分传统的分配不均问题。全世界粮食生产水平前所未有，能够保证60亿人口充足的粮食供应，尽管粮食分配仍是一个大问题。这些变化缓解了历史上长期存在的农民的双重剥削问题。

然而这些变化还不是全部。首先，这些变化并未解决分配平等问题。在摆脱殖民主义、短暂扩张后，非洲大陆大部分地区的农民和农业出现衰退。加之巨大的环境灾害、无所事事的外国援助项目，存在明显缺陷且十分腐败的治理计划等因素，非洲农民日益贫困，依赖进口粮食，成为国家政策的牺牲品。全球变暖的环境问题、污染、水资源短缺和生物多样化程度 178
下降威胁到农民和城市社会安全。农业依赖矿物燃料（煤）导致农业和世界粮食供应因经济波动和未来石油生产减少的可能性而变得脆弱。这一时期的农业全球化趋势既是机遇，也存在风险。

延伸阅读

欧洲部分，参见：S.H.Franklin, *European Peasantry: The Final Phase*（London: Methuen,1969）。关于社会主义国家的农业，参见：Mieke Meurs, ed., *Many Shades of Red: State Policy and Collective Agriculture*（Lanham, MD: Rowan and Littlefield,1999）; Jean Chesneaux, *Peasant Revolts in China, 1840–1949*（New York: Norton,1973）; Dali Yang, *Calamity and Reform in China*（Stanford, CA: Stanford uinoversity Press, 1996）; Kate Zhou, *How the Farmers Changed China*（Boulder, CO: Westview,1996）。

关于绿色革命和生物多样性，参见：Lennard Bickel, *Facing Starvation: Norman Borlaug and the Fight against Hunger*（New York: Dutton,1974）; John H. Perkins, *Geopolitics and the Green Revolution*（New York: Oxford University Press,1997）; 以及 Susan Dworkin, *The Viking in the Wheatfield*（New York: Walker and company,2009）

美国部分，参见：David Danbom, B*orn in the Country: A History of Rural America*（Baltimore, MD: Johns Hopkins University Press,1996）; Bill Winders, *The Politics of Food Supply: U.S. Agricultural Policy in the World Economy*（New Haven, CA: Yale University Press, 2009）。

关于土地改革，参见：Sidney Klein, *The Pattern of Land Tenure Reform in East Asia after World War II*（New York: Bookman Associates, 1958）; Roy L. Prosterman and Jeffrey M. Riedinger, *Land Reform and Democratic Development*（Baltimore, MD: Johns Hopkins University Press, 1987）。

拉丁美洲部分，参见：Tom Barry, *Zapata's Revenge: Free Trade and the Farm Crisis in Mexico*（Boston, MA: South End Press,1999）; Francisco Vidal Luna and Herbert S. Klein, *Brazil Since 1980*（Cambridge; Cambridge university Press, 2006）; Gerardo Otero, ed., *Food for the Few: Neoliberal Globalism and Biotechnology in Latin America*（Austin, TX: University of Texas Press,2008）。

非洲部分，参见：Goran Djurfeldt, *The African Food Crisis: Lessons from the Asian Green Revolution*（Cambridge, MA: CABI Publishers, 2005）; Dahram Ghai and Samir Radwan, *Agrarian Policies and Rural Poverty in Africa*（Geneva: ILO,1983）; Lungesile Ntsebeza and Ruth Hall, *The Land Question in South Africa*（Cape Town: HSRC Press,2007）。

南亚部分，参见：F.T.Jannuzi, *India's Persistent Dilemma*（Boulder, CO: Westview, 1994）; Ashok Gulati and Shenggen Fan, eds, *The Dragon and the Elephant*; *Agricultural and Ritural Reforms in China and India*（Baltimore, MD: Johns Hopkins University Press, 2007）。

关于全球化，参见：Taj Patel，*Stuffed and Starved: The Hidden Battle* 179
for the World Food System（New York: Melville House publishers, 2007）; Geoff Tansey and Tony Worsley,*The Food System: A Guide*（London: Earthscan,1995）; Dale Allen Pfeiffer, *Eating Fossil Fuels: Oil, Food, and the Coming Crisis in Agriculture*（Gabriola Island, BC: New Society Publishers, Schuster, 2005）; Food and Agricultural Organization of the UN, *Livestock's Long Shadow; Environmental Issues and Options*（Roma: FAO,2006）。

第八章

结论

180 历史上，农民从一开始就受制于自然灾害以及帝国和地主的统治。来自古代希腊、罗马和中国的悠久历史记载了农民生活的另外一个侧面。部分领导者以及其他非农业人士认识到农民遭受的压迫，进行了最早的改革试验。在这个阶段，改革成果有限，偶尔曾经对强大的地主阶级造成打击，但是最终被暴力推翻或制止。

古代文明解体后，世界历史进入一个漫长的发展阶段：从中世纪奴役制度兴起到前近代和近代农奴解放运动。这些变化同样反映出领导者和非农业人士理解和同情农民遭遇的情绪及作为。他们的行动至少部分地反映出外人对于国家改革和现代化需要的认可，农民在其中发挥着重要作用，但是仍然处于从属地位。

20 世纪、21 世纪，农业领域之外的四个发展变化以新的方式提高了农业和农村的地位。第一，18 世纪晚期开始飞速发展的科学和技术应用于农业。这些发展取得了堪称奇迹的飞跃，但是也导致农业生产依赖农业领域之外的技术和能源。第二，环境变化，特别是全球气候变暖，给部分农民带来便利，但是削弱了其他地区的农业发展势头。第三，快速增长的人口扩大了农业规模和市场，但是也导致农村土地转向城市。第四，合作制度扩大以及对世界经济日益严格的控制导致农民与其他领域的工人一样进入竞争日益激烈的市场，驱使众多人，可能是大多数农民离开农村。

21 世纪早期，这些变化导致一系列严重危机。农业发展正在接近全

球极限。淡水供应下降，因为人类抽取地下水，从河流取水，曾经发生大洪
水的河流正在干涸。因粮食生产和畜牧业生产造成的污染对地区和国际 181
环境造成影响。城市扩张不仅破坏耕地，也对森林和生物多样性造成损害。依赖矿物燃料的农业面临价格上涨的危险，一旦发生将没有任何预兆就可能摧毁整个农业经济。

理论上说，世界农业——每年从事农耕的人口数量较少，采用先进技术和矿物燃料——能够养活全世界现有60亿人口中的多数。在许多国家，从事供应生产劳动的贫穷劳动者生活环境十分艰苦，年龄增长导致退休率逐年上升。许多国家的农民遭受政府剥削，缴纳农业税，或者通过提供种子种畜、购买合格产品等合作方式遭到剥削。有些农民耕种大片土地，受农时、天气、合同期限等诸多限制，有些农民耕种小块土地，维持自给，但是同样面临巨大压力。多数发展中国家政府提供高额补贴，但是必须逐年核准，并且曾经有所削减。

上述情况说明世界农业面临严重问题，并且十分脆弱。比如众多工厂引进所谓的“及时盘存调整法”，以汽车零件为例，供应船在工厂需要零件的那一天才到达组装工厂，以达到节约储存成本的目的。整个国家和社会似乎也按照农业“及时盘存调整法”运行，即粮食存量略低于一年的消耗。农业领域应用此方法面临极大风险。如果汽车零件推迟到达，工厂可以推迟生产，但是如果粮食供应在某个重要环节出现差池，群众就要挨饿，整个社会运行将停滞。从朝鲜和古巴的遭遇就可以预期未来的场景。

这些观点说明古老的双重剥削现象仍然存在，但是有所变化，更加趋向全球化，更加复杂。文明发展仍然依靠农业，但是现在农业也开始依靠文明。这种相互依存关系似乎前所未有。在古老的社会，比如古代希腊、中国唐朝和印度莫卧儿王朝，农民的生活相对自给自足。他们必然喜欢用自己的产品交换城镇的手工产品，在灾害爆发时，他们能够从政府获得救济，比如中国的“常平仓”制度。但是，在十分必要的时候，这些社会的农民也拯救自己。农民拥有自己的种子、自己的牲畜，能够在某些紧急情况下依靠村庄。他们遵循文明形成以前祖先的生活方式。

在19世纪的西方和20世纪的其他地方，这种情况又发生变化。文明

与农民相融合，形成相互依存的关系。某种情况下，社会必须适应这种相
182 互依存关系，社会和农业因依赖石油、遭受自然灾害以及社会经济不平等现象等表现出脆弱性。这种反思十分必要，最终，无论两者之间相互依存关系如何，农民都是终极资源，是文明发展的源头。

从这一点看，最早的受过教育的农业从业者和农民都给予现代世界一些教训。农民是低耗能生产者，他们重复利用的资源多于所消耗的资源，他们适应环境和市场，特别在城市能够适当体谅他们的处境的时候，比如中国、越南和美国的某个阶段。贾里德·戴蒙德蔑视农业，称其为文明的罪恶，他可能误读了这个问题：并非农业导致文明的罪恶，而是文明的无知所致，幸运的是，随着岁月流逝，农民遭遇的压迫日益缓解。如果文明能够从过去的灾难中汲取教训，不剥削和压迫农民，以一种文明的、切实依赖农业的态度尊重他们，那么情况可能大不相同。

词汇表

Assart 开拓地：一种田地，清除杂草和砍伐森林后第一次耕种作物的田地。

Autarquia 自治团体：20 世纪巴西的一种制度，用于规范特殊农产品的贸易和生产活动。

Bauchan daohu 包产到户：中国共产党实行的家庭联产承包责任制，是对毛泽东逝世后取代中国集体所有制的一种家庭生产方式的委婉说法。

Champa rice 占城稻：中国中古时期从占城引进的一种水稻品种，生长期短，远远超过之前中国种植的其他品种。

Chicago Board of Trade 芝加哥期货交易所：美国最古老的农产品交换机构，建于 1848 年，现为芝加哥商品交易所的一个部门。

Colonus/coloni 隶农：奴隶劳动者，存在于罗马帝国晚期和欧洲中世纪早期。

Commons 平民：英格兰中世纪和近代早期，农村部分土地，不包括定期分配的土地，无偿供给穷人和无地农民居住和耕种。

Demesne 公地：中世纪庄园土地中的一部分土地，不分配给农民，但是由农民在贵族或教会的指导下耕种。

Ejido 公田：墨西哥传统的农庄或者农庄中的共有土地。

El Niño/ENSO 厄尔尼诺现象：南半球的气温波动，厄瓜多尔附近太平洋东部气候变暖，在亚洲、非洲东部和南美洲东北部导致暴雨灾害。

Enclosure 圈地：中世纪和近代早期的英格兰，位于农民村落土地之外，周围有篱笆、墙和栅栏环绕。

Fayyum 法尤姆：埃及肥沃的灌溉农业区，位于尼罗河西岸，尼罗河三角洲南部。

Hacienda 庄园：殖民地时期和独立之后拉丁美洲地主的地产，有些曾经经营畜牧业，类似大牧场。

Hectare 公顷：相当于 2.4 英亩。

Hektemor 六一汉：古代雅典的佃农。

Helots 希洛人：古代斯巴达的奴隶农业劳动者。

Hybrid 杂交：20 世纪人工栽培的作物品种，最早在蜀类作物中使用，跨越单一品种种植。

HYV 高产品种：20 世纪培育的高产品种，特别是绿色革命期间精心选择的小麦、稻米和其他粮食作物。

Inquillini 雇农：古罗马的佃农。

Kolkhoz 集体农庄：苏联的集体农庄。

Latifundium, pl. latifundia 大庄园：古罗马的大型农庄。

Lex frumentaria《粮食法》：规定古罗马的法定粮食价格。

Manor 庄园：欧洲中世纪自给自足的领地，领主和农奴的居住地。

Manse 份地：欧洲中世纪领主居住的地方。

Pampas 潘帕斯：阿根廷草原牧场。

Pastoralism 游牧生活：饲养和迁移牲畜的工作或生活方式。

Peasant 农民：十分复杂的名词，在古代、中世纪和发展中国家一般称农夫，大多没有受过教育，根据要求生活在农村和农庄，被迫向地主缴纳部分收成。

Peon 散工：主要出现在拉丁美洲近代早期和现代时期，是无地农民，大多负债，在庄园或种植园中劳动偿还债务。

Quilombo 荒野：拉美殖民地，逃亡奴隶聚居地。

Satyagraha 非暴力不合作运动：20 世纪印度，非暴力不合作运动，由甘地发起，采取多种形式。

Seisachtheia《解负令》：古代雅典梭伦改革的历史文献。

Serf 农奴：欧洲中世纪（虽然通常适用范围更加广泛）的奴隶劳动者，在庄园土地上劳动换取住处和小块土地。

Servile 奴仆：在多数社会中是不自由的，习惯法、法律和权力限制他们在一定时间和地点自由活动。

Slave 奴隶：在多数社会中是其主人拥有的财产。

Sovkhoz 国营农场：苏联的国家农场。

Three-field system 三圃制：欧洲中世纪的轮作制度，土地在春季作物、冬季作物和休耕间进行转换，是应对土壤贫瘠的早期尝试。

Transhumance 季节性迁徙：畜牧业生产的游牧方式，一般是绵羊，夏天在较高纬度地区，冬天在较低纬度地区生活。

Tsing tien 井田：中国古代一种理想的“井田制度”，因土地划作井字形，故名。

Zamindar 印度地主：近代早期及现代印度对于地主的统称，各地区含义有所不同。

索 引

（索引后的页码为本书边码）

B

C

D

E

G

M

O

P

Q

R

S

T

Z

译后记

中国是一个传统农业大国，我们的祖辈、父辈都曾经是面朝黄土背朝天的农民，中国人对土地有着特殊的感情。中国人也对世界农业的发展做出过重要的贡献，在作物品种、农业技术、农业政策等方方面面都深刻影响着世界农业。因此，在这部有关全球农业发展的历史著作中，有大量篇幅讨论中国自古至今的农业历史也就不足为奇了。

该书系统全面地梳理和总结了世界农业从产生之日起直到今天的方方面面的发展历程，其中既有讨论作物品种的变化、农业技术的进步和应用、土地改革等传统农业史研究的内容，也包括一些新的，甚至可以说是时髦的研究角度，比如环境变化对农业的影响。更加重要的是作者提出双重剥削理论，指出自古以来农民面临着来自地主的剥削和压迫，也受制于自然环境，这有助于我们从更深层次更加全面地认识世界农业的发展变化历程。另外，作者还着重提出农民反抗剥削的一种极端方式，即农民起义。对于中国学者来说，农民起义并非一个崭新的课题，它曾经是马克思主义历史研究中的一个核心问题；但是对于西方学者来说，作者能够在研究农业历史过程中注意到这样一个视角实在难能可贵，特别是作者将这个方式视为反抗双重剥削的形式之一，将对我们今后研究农民起义问题有所启发。

当然，作者在著作中并没有明确说明统治阶级与地主阶级之间存在密不可分的关系，甚至偶尔还将两者对立起来，忽视两者之间利益一致的关系，这一点值得商榷。

本书由刘健和李军两人合作完成，具体分工为刘健翻译前言、第一至四章、第六章和第八章，李军负责翻译第五章和第七章。

刘健

2014 年 1 月

图书在版编目（CIP）数据

世界历史上的农业 /（美）陶格（Tauger,M.B.）著；刘健，李军译．—北京：商务印书馆，2014
（专题文明史译丛）
ISBN 978-7-100-10677-1

Ⅰ．①世… Ⅱ．①陶… ②刘… ③李… Ⅲ．①农业史－世界
Ⅳ．① S-091

中国版本图书馆 CIP 数据核字（2014）第 191432 号

（专题文明史译丛）
世界历史上的农业
〔美〕马克·B. 陶格（Mark B. Tauger）著
刘健 李军 译

商 务 印 书 馆 出 版
（北京王府井大街36号 邮政编码 100710）
商 务 印 书 馆 发 行
山东临沂新华印刷物流集团
有 限 责 任 公 司 印 刷
ISBN 978-7-100-10677-1

2015年1月第1版　　开本 640×960 1/16
2015年1月第1次印刷　印张 14.5

定价：32.00元